Sitzungsberichte
der Akademie der Wissenschaften
der DDR
Mathematik – Naturwissenschaften – Technik

8N

1976

Neuere Forschungsergebnisse aus dem Fachgebiet Chemie

AKADEMIE-VERLAG · BERLIN

Sitzungsberichte
der Akademie der Wissenschaften
der DDR
Mathematik — Naturwissenschaften — Technik

Jahrgang 1976 · Nr. 8/N

Neuere Forschungsergebnisse aus dem Fachgebiet Chemie

AKADEMIE-VERLAG · BERLIN
1976

Vorträge von den Korrespondierenden Mitgliedern
der Akademie der Wissenschaften der DDR
Gerhard Reinisch, Manfred Ringpfeil und Ernst Schmitz,
gehalten vor der Klasse Chemie am 18. 9. 1975

Herausgegeben im Auftrage
des Präsidenten der Akademie
der Wissenschaften der DDR
von Vizepräsident Prof. Dr. Heinrich Scheel

Erschienen im Akademie-Verlag, 108 Berlin, Leipziger Straße 3—4

Lizenznummer: 202 · 100/175/76
Gesamtherstellung: VEB Druckhaus Köthen
Bestellnummer: 753 181 0 (2010/76/8/N) · LSV 1275
Printed in GDR
DDR 4,50 M

Inhalt

Gerhard Reinisch

Untersuchungen und Betrachtungen über den Verlauf von Polymersyntheseprozessen

Die Pioniere der Polymerchemie, STAUDINGER, MARK, FLORY, HUGGINS, KARGIN, ANDRIANOV und SAKURADA, um nur einige Namen zu nennen, waren vielseitige Forscher und haben von Anfang an mit ihren Arbeiten Anstoß und Anregung dazu gegeben, Synthese und Charakterisierung, Struktur und Eigenschaftsparameter, Reaktanten und Reaktionsmedien, Kinetik, Mechanismen und Transportphänomene bei Synthese-, Modifizierungs- und Abbauprozessen von Polymeren als eine Einheit zu betrachten und zu behandeln. Aus unseren Tagen und im eigenen Lande gibt es weitere Beispiele dafür, wie fruchtbar diese Arbeitsweise bei der Klärung komplexer Fragen ist. Ich nenne dazu vor allem die Arbeiten von Hermann KLARE über Reaktions- und Koagulationsprozesse bei der Fadenbildung im Viskosespinnprozeß [1], von Erich THILO über Polyphosphate [2] und von Burckart PHILIPP über den Viskosenachreifeprozeß oder über Heterogenreaktionen der Cellulose [3, 4].

An Beispielen aus unseren Arbeiten der letzten Jahre möchte ich Ihnen nun zeigen, welche speziellen, verschiedenartigen und immer wieder neuen Methodenkombinationen der organischen und der physikalischen Chemie anzuwenden waren, um Fragestellungen zu lösen, die den Verlauf und die Mechanismen großtechnischer, aber auch neuer, noch nicht technisch genutzter Polymersyntheseprozesse betreffen. Oft genug waren und sind, wie wir sehen werden, spezifische Methoden überhaupt erst zu entwickeln, um Ansätze zur Lösung grundsätzlicher Fragen zu finden.

Nehmen wir zunächst einige Beispiele aus der Polyamidchemie. Die großtechnische Polymersynthese für den Faserrohstoff Polycaprolactam ist durch ein Nebeneinander von Polymerisations- und Polykondensationsreaktionen gekennzeichnet.

Die Kinetik der Teilreaktionen wurde in den fünfziger Jahren weitgehend aufgeklärt, insbesondere von SKURATOV in Moskau [5], von einer holländischen Schule um HERMANS [6] und von WILOTH [7] in Westdeutschland.

Der Polymerisationsgrad und damit Rheologie und Verspinnbarkeit des

Polymeren werden bestimmt durch das Polykondensationsgleichgewicht. Nach einem FLORYschen Ansatz besteht zwischen $\overline{P}_n$, K_{PK} und Wasserkonzentration folgende einfache Beziehung:

$$K_{PK} = \frac{[-NH-CO-][H_2O]}{[-COOH][-NH_2]}$$

$$= \frac{(\overline{P}_n - 1)\,\overline{P}_n\,w}{U} \qquad \text{(Gl. 1)}$$

$w = w_0 - [-E]_{[\eta]}$
w = Gleichgewichts-Wassergehalt
w_0 = Wasser- und Endgruppenkonz. zu Reaktionsbeginn

Die Gleichgewichtskonstante der Polykondensation ist also neben dem technologisch einstellbaren Wassergehalt im System eine thermodynamische Schlüsselgröße für den Polymerisationsgrad. Drei Gründe veranlaßten uns, K_{PK} neu zu bestimmen [24]:

- widersprüchliche und auch analytisch nicht sehr sorgsam fundierte Literaturwerte
- Hinweise auf Aza-cycloheptenylamino-Gruppenbildung in der Literatur [8]
- eigene Ergebnisse über anomale Acylierungsreaktionen in wasserarmen Polyamidschmelzen [9].

Ring-Ketten-Gleichgewicht und Cycloamidinbildung stehen in folgendem Zusammenhang:

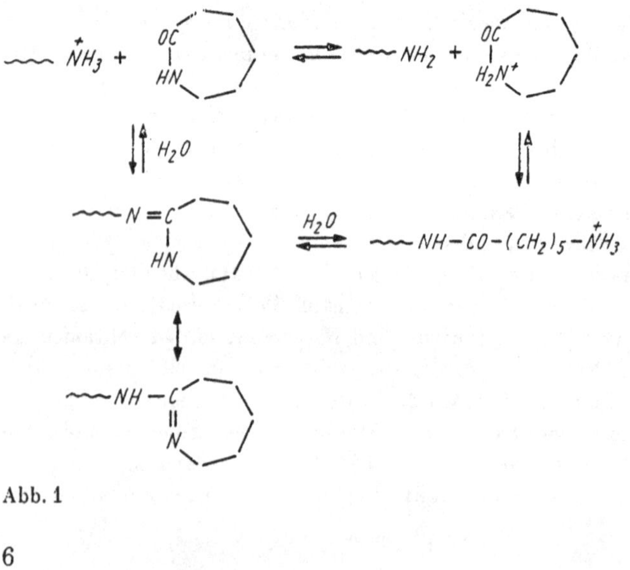

Abb. 1

Die Cycloamidinanteile, die SCHLACK schon 1938 vermutet hat, wurden mikroanalytisch indirekt nach Acylierung aller NH_2-Gruppen mittels N-Acetylcaprolactam quantitativ bestimmt. Ihr Anteil an der Gesamtkonzentration basischer Endgruppen ist relativ unabhängig vom Wassergehalt im untersuchten System.

Tabelle 1
Amidinkonzentration in Polycaprolactamschmelzen bei 254 °C

w_0 (mMol/Mol)	10	20	30	60	120	240
Amidingruppen (Am) mMol/Mol	1,17	1,18	1,98	3,05	3,05	5,43
bas. Endgruppen mMol/Mol	5,02	6,69	7,67	10,47	15,16	20,52
$\frac{100 \cdot Am}{[E_{bas.}]}$ %	23,2	17,6	25,8	29,1	20,4	26,5

w_0 = Anfangswassergehalt

Tabelle 2
Amino- und Carboxylgruppenkonzentrationen (μÄqu/g) in Polycaprolactamschmelzen bei 254 °C

w_0 (mMol/Mol)	10	20	30	60	120
[$-NH_2$]	44,4	59,1	67,8	92,5	134,9
[$-COOH$]	33,5	51,9	64,9	95,2	135,9

Bei niedrigen Wassergehalten

gibt es an dem von uns untersuchten quasigeschlossenen System (rotierende Ampullen mit 30—10% Dampfraum) außerdem signifikant niedrigere —COOH-Konzentrationen. Zu erwarten sind bei unverzweigtem Polycaprolactam äquivalente Konzentrationen an $-NH_2$- und —COOH-Gruppen. In anderen Untersuchungen konnten wir nachweisen, daß diese Carboxylgruppenanomalie bei 254 °C ausschließlich auf α-Acylierungen in der Polyamidkette beruht [9]. Nach Totalhydrolyse solcher Polymerer wurde mikropräparativ 1.11-Diamino-undecanon-6 nachgewiesen.

Sowohl bei der Cycloamidinbildung, wie bei der α-Acylierung entsteht Wasser. Diese zusätzlichen Wassermengen erhöhen bei den niedrigen Wasserkonzentrationen, wie sie im Polykondensationsteil technischer Aggregate üblich sind, die Wasserkonzentrationen beträchtlich. Tab. 3 zeigt, daß diese Konzen-

Tabelle 3
Wasserbildung aus Nebenreaktionen in Polycaprolactamschmelzen
(Konzentrationen in mMol/Mol Caprolactam)

Temp. °C	w_o 10	w_o 20	w_o 30	w_o 10	w_o 20	w_o 30	w_o 10	w_o 20	w_o 30
	w_{Am}			w_{Ac}			w_N		
230	1,45	1,24	1,56	0,44	0,24	0,26	1,89	1,48	1,82
240	1,54	1,46	1,80	0,36	0,41	0,33	1,90	1,87	2,13
254	1,17	1,18	1,98	0,18	0,80	0,33	1,35	1,98	2,31
270	1,69	1,60	1,71	1,14	1,05	0,74	2,83	2,65	2,45
280	2,16			1,55			3,71		
290	2,35	2,14	2,73	2,26	1,49	1,24	4,61	3,63	3,97

w_o = Anfangswassergehalt
w_{Am} = aus Amidinkonz. berechnete Zusatz-Wassermenge
w_{Ac} = aus [$-NH_2$]$-$[$-COOH$] berechnete Zusatz-Wassermenge
w_N = Gesamtmenge an Wasser aus Nebenreaktionen

trationserhöhung je nach Temperatur und Anfangswassergehalt bei etwa 5—40% der Ausgangswassermenge w_o liegen kann. Berücksichtigt man diese gesetzmäßig entstehenden Zusatzwassermengen bei der Berechnung von K_{PK}, so erhält man reale K_{PK}-Werte. Ihre Temperaturabhängigkeit ist in Abb. 2 dargestellt.

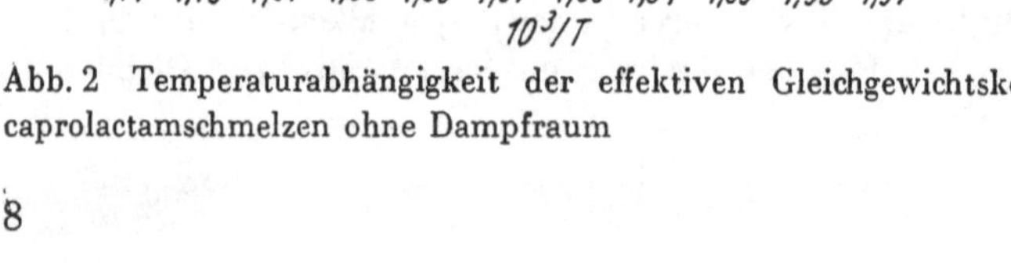

Abb. 2 Temperaturabhängigkeit der effektiven Gleichgewichtskonstante in Polycaprolactamschmelzen ohne Dampfraum

Voraussetzung für die Zuverlässigkeit dieser Werte sind exakte mikroanalytische Endgruppenbestimmungsmethoden. Die HUGGINS-Konstanten der Konzentrationsabhängigkeit der rel. Lösungsviskosität des Polymeren in H_2SO_4 wurden neu bestimmt [10]. Außerdem erarbeiteten wir eine gesicherte $[\eta]$-M_n-Beziehung für Polycaprolactam [11] und eine rationelle Methode zur Bestimmung der Polymerisationsgradverteilung von Polycaprolactam nach der Zweischichtmethode [12].

Ein ganz andersartiges Analysenverfahren wurde zusammen mit JAEGER, JAKOB und SCHNEIDER in unserem Labor zur quantitativen Bestimmung von Mikrogelteilchen in Polycaprolactamschmelzen nutzbar gemacht [13]. Löst man Polycaprolactam in einer Mischung aus Ameisensäure und Schwefelsäure (100/8 Volumenteile), so kann man, wie wir fanden, nach dem aus der Blutkörperchen-Zähltechnik bekannten COULTER-Prinzip mit kommerziellen Geräten Mikrogelteilchen von 2—10 μm Quellungsdurchmesser in Polymeren quantitativ bestimmen. Solche Gelteilchen entstehen durch Einwirkung von O_2-Spuren auf das Polymere. Sie sind die Vorläufer der sog. „Spinnmasern" in den Polyamidfäden. Solche Einschlüsse großer Gelteilchen führen zu Fadenbrüchen im Spinnprozeß und damit zu einer Herabsetzung der Arbeitsproduktivität des hochrationellen Verarbeitungsverfahrens. Mit der Teilchenzählmethode können die weit kleineren Vorstufen solcher Gelteilchen erfaßt werden. Sie erlaubt also eine „Frühdiagnose" der thermooxidativ bedingten Schädigung des Polymeren. Die Methode. die inzwischen von ZIMMERMANN und Mitarb. in unserem Institut auch zur Bestimmung von Störteilchen im Polyestermaterial weiter entwickelt wurde [14], ist im VEB Chemiefaserkombinat „Wilhelm Pieck", Schwarza, unter unserer aktiven Mitwirkung zur Stichprobenkontrolle des Produktionsablaufs auf thermooxidative Schädigungen erfolgreich eingesetzt worden.

In Kombination mit mikroanalytischer Sauerstoffbestimmung erlaubt sie andererseits grundsätzliche Aussagen über die Kinetik der Teilchenbildung und der O_2-Aufnahme in Polyamidschmelzen [15]. Ich will diese Zusammenhänge kurz skizzieren:

a) Teilchenzahl und Bildungsgeschwindigkeit der Teilchen nehmen mit Temperatur und Sauerstoffkonzentration in der Gasphase zu. Dies gilt für den Bereich von 50 ppm bis etwa 0,1%.

b) Die Teilchenbildung läßt sich durch eine Gleichung beschreiben, die der AVRAMI-Gleichung für die Kristallisation von Polymeren entspricht:

$$Z_G = \exp.(a \cdot t^b). \qquad \text{(Gl. 2)}$$

Die Konstante a gibt die Temperaturabhängigkeit der Teilchenzahl wieder, b die Abhängigkeit von der O_2-Konzentration. Als Ursache für die Bildung diskreter Teilchen im Kontinuum der Polyamidschmelze sehen wir Radikalrekombinationsreaktionen in verschlauften Makromolekülen an, in denen durch Kettenreaktionen der Peroxiradikale zahlreiche Radikalstellen entstanden sind.

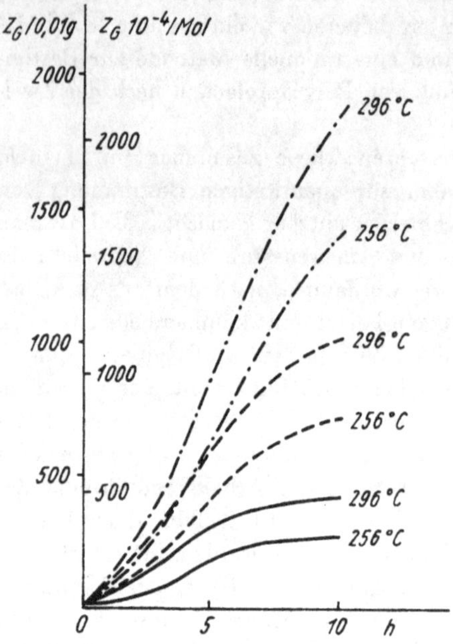

Abb. 3 Verlauf der Gelteilchenbildung bei Thermooxidation von Polycaprolactam
Z_G = Gelteilchenzahl
——— 50 ppm O_2 = 0,057 mMol/Moh · h
– – – – – 500 ppm O_2 = 0,566 mMol/Mol · h
—.—.—.— 950 ppm O_2 = 1,082 mMol/Mol · h

Tabelle 4
Konstanten der Gelteilchenbildung nach der Avrami-Gleichung bei thermooxidativer Schädigung von Polycaprolactam

$\frac{\text{mMol } O_2}{\text{Mol} \cdot \text{h}}$	lg(a · lg e) 296 °C	276 °C	256 °C	b 296 °C	276 °C	256 °C
1,082	0,390	0,382	0,373	0,136	0,138	0,139
0,881	0,392	0,380	0,371	0,123	0,124	0,132
0,724	0,392	0,381	0,372	0,115	0,120	0,119
0,566	0,392	0,382	0,373	0,108	0,109	0,111
0,474	0,390	0,381	0,371	0,104	0,105	0,106
0,311	0,389	0,380	0,370	0,095	0,095	0,097

c) Die O_2-Aufnahme erfolgt autokatalytisch

$$\frac{d[O_2]_P}{dt} = k[O_2]_P^n \qquad \text{(Gl. 3)}$$

$[O_2]_P$ = Sauerstoffkonzentration im Polymeren
wobei es einen linearen Zusammenhang zwischen Aufnahmegeschwindigkeit und Sauerstoffgehalt in der Gasphase gibt (siehe Tabelle 5).

Tabelle 5
Sauerstoffaufnahme von Polycaprolactamschmelzen nach Gl. 3

t [°C]	$\frac{\text{mMol } O_2}{\text{Mol} \cdot \text{h}}$	n	k $\left[\frac{\text{mMol } O_2}{\text{Mol} \cdot \text{h}^2}\right]^{0,5}$
256	1,082	0,52	1,18
256	0,566	0,46	0,63
276	0,566	0,49	0,85
296	1,082	0,56	2,00
296	0,566	0,51	1,10
296	0,474	0,49	0,83
296	0,311	0,44	0,55

$k_{256} = 1,1\ [O_2]_G$ $\qquad$ $k_{296} = 1,9\ [O_2]_G$

Der Exponent 0,5 der Geschwindigkeitsgleichung läßt erkennen, daß eine monomolekulare Startreaktion vorliegt. Wir entnehmen dies aus dem kinetischen Schema der O_2-Absorption bei kleinen, aber konstanten Partialdrücken.

Start: Bildung von R· oder ROO· (k_1)

Kette:

$$R\cdot + O_2 \xrightarrow{k_2} ROO\cdot$$

$$ROO\cdot + RH \xrightarrow{k_3} ROOH + R\cdot$$

Abbruch:

$$2R\cdot \xrightarrow{k_4} R - R$$

$$R\cdot + ROO\cdot \xrightarrow{k_5} R-OO-R$$

$$ROOH \xrightarrow{k_1'} RO\cdot + OH$$

$$2\,ROOH \xrightarrow{k_1''} RO\cdot + ROO\cdot + H_2O$$

$$-\frac{d[O_2]}{dt} = k[ROO\cdot][RH]$$

$$v_1 = k_4[R\cdot]^2$$

$$k_3[ROO\cdot][RH] = k_2[R\cdot][O_2]$$

$$= k_2 \cdot v_1^{0,5} \cdot k_4^{-0,5}[O_2] \qquad -\frac{d[O_2]}{dt} = v_1^{0,5} \cdot k_2 \cdot k_4^{-0,5}[O_2]$$

$$v_1 = k_1'[ROOH] \qquad -\frac{d[O_2]}{dt} = \frac{d[O_2]_P}{dt}$$

$$= k_1'^{0,5} \cdot k_2 \cdot k_4^{-0,5}[ROOH]^{0,5}[O_2]$$

$$[ROOH] = [O_2]_P \qquad \frac{d[O_2]_P}{dt} = k[O_2]_P^{0,5}$$

$$k_1'^{0,5} \cdot k_2 \cdot k_4^{-0,5}[O_2] = \text{const.}$$

Bei Stationarität, Rekombinationsabbruch und monomolekularem Zerfall des Hydroperoxids ist, wie sich zeigt, der gefundene Exponent zu erwarten. Die niedrige Aktivierungsenergie von nur 8 kcal/Mol erklären wir durch Mitwirkung des überschüssigen Polymeren am Zerfall des Hydroperoxids. THOMAS und HEARLE [16] hatten ähnliche Beobachtungen bei der Zersetzung niedermolekularer Peroxide gemacht. Normalerweise liegt E_A für den Peroxidzerfall bei etwa 30 kcal/Mol. Unter der Annahme, daß die E_A der Bruttoreaktion etwa halb so groß sein müßte, wie E_A des Zerfalls, ist mit etwa 15 kcal/Mol zu rechnen. Der lösungsmittelinduzierte Peroxidzerfall

$$ROOH + RH \rightarrow RO\cdot + R\cdot + H_2O$$

wird sicher auch dadurch beschleunigt, daß sich resonanzstabilisierte Radikale am N-vicinalen C-Atom neben der Carbonamidgruppe bilden können.

Ein weiteres Beispiel für die komplexe analytische Erschließung eines Syntheseprozesses entnehme ich aus laufenden Arbeiten zur Synthese aromatischer Polyamide [17]. Durch Kombination einer speziellen Synthesetechnik mit klassischen polymeranalytischen Methoden sind wir in der Lage, die Kinetik der insgesamt im Minutenzeitraum verlaufenden Dispersionspolykondensation von m-Phenylendiamin mit aromatischen Dicarbonsäuredichloriden zunächst numerisch zu ermitteln.

Hochgereinigte Reaktionskomponenten und gaschromatographisch reines Tetrahydrofuran werden in dieser Kühlmantelapparatur vereinigt (Abb. 4). Dabei kommt es darauf an, die festen Säurechloride in Sekundenbruchteilen und bei Rührgeschwindigkeiten von etwa 15 000 min^{-1} mit Tetrahydrofuran in die Sodalösung des Diamins zu überspülen. In gequollenen Teilchen von etwa 1 μm Durchmesser, die durch Entmischung und Rührvorgang entstehen, erfolgt die Polykondensation. Ihr Verlauf, durch Abstoppen mit 6 n HCl (Zugabezeit-

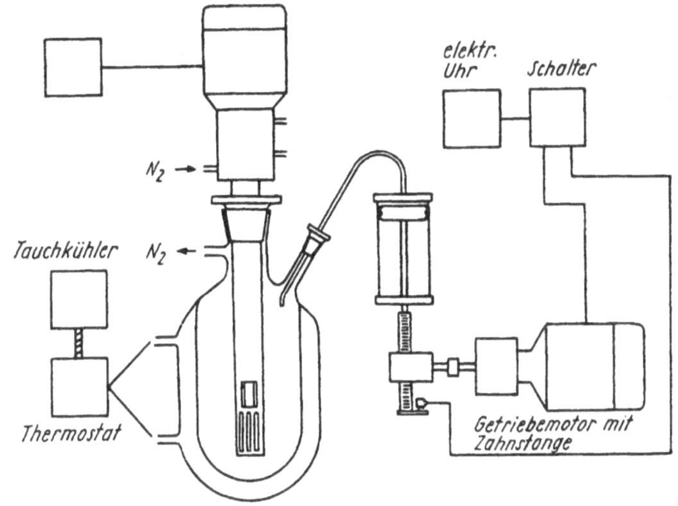

Abb. 4 Apparatur zur Dispersionspolykondensation

Fehler 0,1 s) und Endgruppentitration ermittelt, kann durch zwei Bereiche 2. Ordnung gekennzeichnet werden (s. Abb. 5).

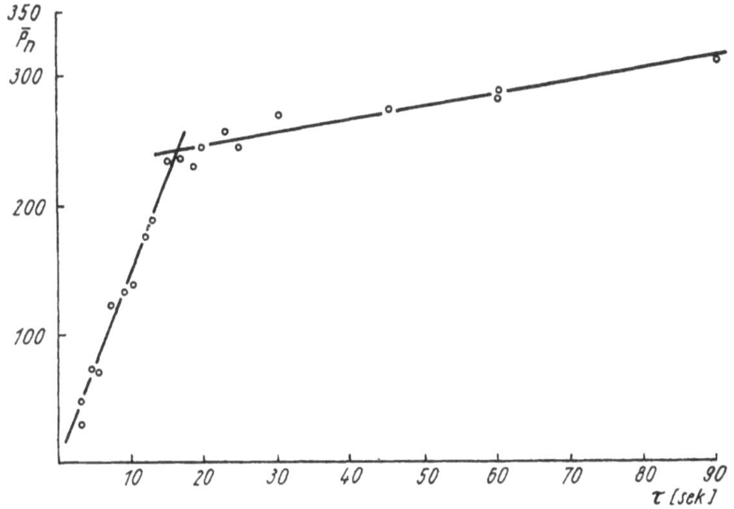

Abb. 5 Verlauf der Dispersionspolykondensation von Poly-m-phenylen-iso(80)-co-tere-(20)-phthalamid in Tetrahydrofuran/Wasser/Na_2CO_3 bei 5 °C

Alle Nebenreaktionen lassen sich anhand der Endgruppenanalysen, deren Methodik wir im Falle der NH_2-Gruppen erst erarbeiten mußten, quantitativ erfassen. Als Nebenreaktionen sind bereits erkannt die Hydrolyse, Anhydrid- und Diacylimidbildung bei dieser Heterogenreaktion.

Wir haben noch keine experimentell gesicherte Erklärung für die Geschwindigkeitsverminderung im 2. Ast der $\overline{P}_n$-τ-Kurven. Es kann sich dabei um einen Verdünnungseffekt oder um einen Wechsel des Quellungszustandes handeln.

Über neue Prinzipverarbeitungsmethoden der Polymeren zu Papieren, Filmen und Preßkörpern, deren mechanische und elektrische Eigenschaften und ihre Dauerwärmebeständigkeit wird bei einer späteren Gelegenheit zu berichten sein.

Anhand NMR-spektroskopischer Analysen, die in Kooperation mit polnischen und sowjetischen Instituten durchgeführt werden, werden wir im Verlaufe der nächsten Zeit Aussagen über Elementarreaktionen herausarbeiten.

Wenden wir uns jetzt dem Syntheseprozeß von Polyäthylenterephthalat zu. Die makrokinetische Analyse erlaubt es, bei dieser Schmelzepolykondensation, die von Bis-β-Hydroxyäthylterephthalat ausgeht, auf einfache Weise, die Temperaturgrenze von Nebenreaktionen zu ermitteln (Abb. 6).

Diese Temperaturgrenze, gekennzeichnet durch einen nichtlinearen Verlauf der $\overline{P}_n$-τ-Kurve, hängt bei gleichen Katalysatorkonzentrationen stark vom Kata-

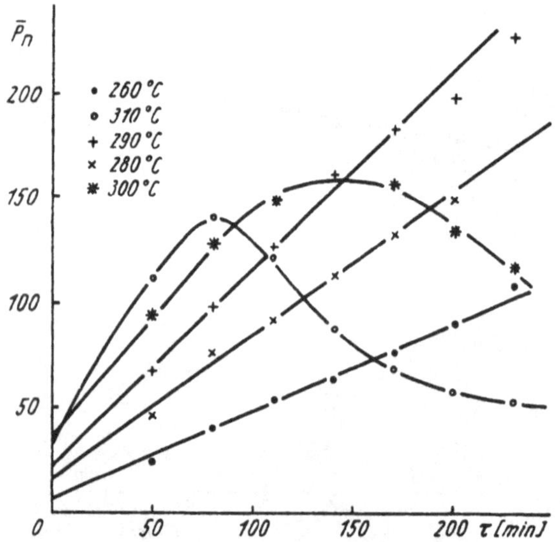

Abb. 6 Verlauf von Polykondensationen von Bisβ-Hydroxyäthylterephthalat
Katalysator: $3 \cdot 10^{-4}$ Mol/Mol $Sb(CH_3COO)_3$

lysatortyp ab. Art, Umfang und Mechanismen dieser Katalysator-Sekundärreaktionen wurden von ZIMMERMANN in unserem Institut untersucht [18].

Wir selbst interessierten uns neben Untersuchungen zum Schichtdickeneinfluß auf die Polykondensationskinetik von Polyäthylenterephthalat [19] für den Mechanismus der Homogenkatalyse dieses Polymersyntheseprozesses.

Die Wirksamkeit von Metallionen bei Alkoholysereaktionen von Estern ist sicher durch Komplexbildung zu erklären. Im Falle der Polykondensationskatalysatoren der Polyäthylenterephthalat-Synthese gehen die der Monomerschmelze zugesetzten Acetate oder Oxide bei 270—290 °C sehr rasch in Alkoholate des Bis-β-Hydroxyäthylterephthalats (und seiner Polymerhomologen) über. Tab. 6 zeigt, daß die katalytische Aktivität der Metallverbindungen nicht

Tabelle 6
Geschwindigkeitskonstanten und Ionenradien bei Schmelzepolykondensationen von Polyäthylenterephthalat
$t = 280\,°C$; $c_{Kat} = 3 \cdot 10^{-4}$ Mol/Mol Monomeres

Katalysator	k 10^{-3} g/mMol · s	r in Å [21]
Ag(ac)	1,12	1,26
$Ca(ac)_2$	0,85	0,99
$Mn(ac)_2$	1,56	0,80
$Co(ac)_2$	1,54	0,72
$Al(ac)_3$	1,90	0,76
$Sb(ac)_3$	2,32	0,51
GeO_2	2,38	0,53

nur vom Ionenradius (und damit von der Ladungsdichte), sondern sehr wahrscheinlich auch von der Komplexbildungstendenz abhängt. Wir schließen dies aus den vergleichsweise hohen effektiven Reaktionsgeschwindigkeitskonstanten bei der Katalyse mit Ag^{+}-, Mn^{2+}- und Sb^{3+}-Verbindungen [20]. Als Zwischenstufen der Polyumesterung sind — für das Beispiel zweiwertiger Metallverbindungen — folgende Strukturen denkbar (Abb. 7):

Vergleicht man dann die effektiven Geschwindigkeitskonstanten der Polykondensation von Polyalkylenterephthalaten mit unterschiedlicher Kettenlänge der Diolkomponente (Äthylenglykol, Hexandiol-1.6, Dekandiol-1.10) für Mn^{2+}- und Sb^{3+}-katalysierte Reaktionen (s. Tab. 7), so ergibt der rasche Rückgang der k_{eff}-Werte bei Sb^{3+}-Katalyse einen ersten experimentellen Hinweis dafür, daß die Polyäthylenterephthalatbildung mit diesem Katalysator offenbar über eine

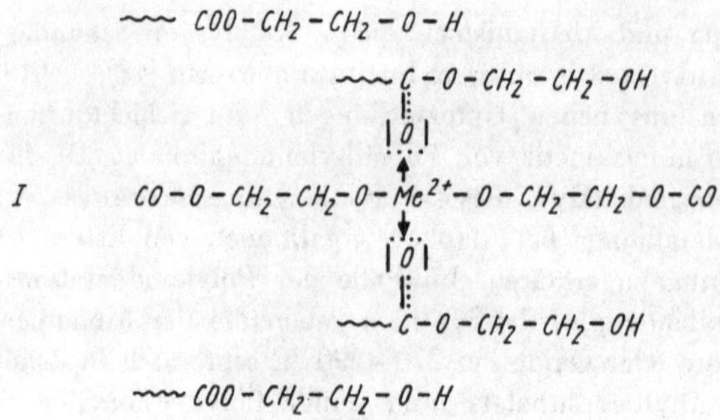

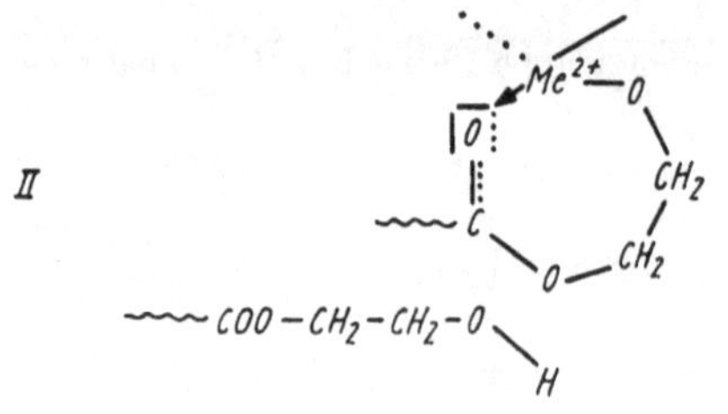

Abb. 7

Tabelle 7
Geschwindigkeitskonstanten der Bildung von PÄT, PHMT und PDMT
$c_{Kat} = 5 \cdot 10^{-4}$ Mol/Mol; t = 275 °C

Polyester	k_{eff} 10^{-3} [g/mMol · s] $Mn(ac)_2$	$Sb(ac)_3$
PÄT	1,42	2,29
PHMT	1,21	0,90
PDMT	1,04	0,77

PÄT = Polyäthylenterephthalat
PHMT = Polyhexamethylenterephthalat
PDMT = Polydekamethylenterephthalat

Zwischenstufe vom Typ II mit Chelataktivierung der Carbonylgruppe erfolgt [22]. Wir überprüfen gegenwärtig diese schon früher diskutierte Vorstellung [23] durch einen Vergleich der charakteristischen Größen des Übergangszustandes ($\Delta H^{\neq}$ und $\Delta S^{\neq}$).

Nach unserer Auffassung hat sich das komplexe Herangehen an verschiedenartige Aufgaben der Kinetik und des Mechanismus von Polymersynthesen und -reaktionen bewährt. Die analytischen Hilfsmittel dazu mußten fast in jedem Fall neu erarbeitet werden. Die dabei ermittelten molekularen Parameter der Polymeren und die Erkenntnisse über den Reaktionsverlauf erbrachten Kenntnisfortschritte für die Polymerchemie und waren gleichzeitig nützliche Beiträge für die bessere Beherrschung großtechnischer Prozesse der Polymersynthese.

Mein Dank gilt allen Kollegen, die im Kollektiv der Abteilung „Polykondensate" des Instituts für Polymerenchemie die experimentellen Arbeiten durchführten und zur Deutung der Ergebnisse wesentlich beigetragen haben.

Literatur

[1] Vgl. z. B. KLARE, H., A. GRÖBE, R. MARON, H. JOST, H.-J. PURZ, H.-J. GENSRICH und D. PAUL: Abh. dt. Akad. Wiss. Berlin, Kl. Chem., Biol., Geol. **1965**, 130.

[2] Vgl. z. B. THILO, E.: Angew. Chem. **77** (1965) 1056; Z. Chem. **7** (1967) 67; Z. Chem. **12** (1972) 169.

[3] Vgl. z. B. PHILIPP, B., und H. DAUTZENBERG: Buletinul Institutului Politehnic Din Iaşi **16** (1970) Sect. II, 315.

[4] Vgl. PHILIPP, B.: Mitteilungsblatt Chem. Ges. der DDR **19** (1972) 177; s. a. PHILIPP, B., H. SCHLEICHER und W. WAGENKNECHT: J. Polymer Sci. C **42** (1973) 3, 1531; PHILIPP, B., and F. LOTH: Faserforsch. Textiltechnik/Z. Polymerforsch. **26** (1975) 415.

[5] SKURATOV, S. M., A. A. STREPICHEEV, V. V. VOEVODSKIJ und E. N. KANARSKAJA: Dokl. Akad. Nauk SSSR **86** (1952) 1155.

[6] Vgl. z. B. HERMANS, P. H., D. HEIKENS und P. F. VAN VELDEN: J. Polymer Sci. **30** (1958) 81.

[7] Vgl. z. B. WILOTH, F.: Z. physik. Chem. [Frankfurt/Main] **11** (1957) 78.

[8] SCHLACK, P.: Abh. dt. Akad. Wiss. Berlin, Kl. Chem., Geol., Biol., **1965**, Nr. 3, 9; SCHLACK, P., und J. RIEKER: Angew. makromol. Chemie **15** (1971) 203.

[9] REINISCH, G.: Polimery (Warszawa) **15** (1970) 382.

[10] RAFLER, G., und G. REINISCH: Faserforsch. Textiltechnik **21** (1970) 412.

[11] REINISCH, G.: Faserforsch. Textiltechnik/Z. Polymerforsch. **25** (1974) 111.

[12] RAFLER, G., und G. REINISCH: Angew. makromol. Chemie **20** (1971) 57.

[13] JAEGER, W., W. JAKOB und G. REINISCH: Faserforsch. Textiltechnik **21** (1970) 529; JAEGER, W., und M. SCHNEIDER: Faserforsch. Textiltechnik/Z. Polymerforsch. **25** (1974) 429.

[14] BECKER, D., H. ZIMMERMANN und CH. KOLBIG: Faserforsch. Textiltechnik **23** (1972) 478.

[15] JAEGER, W., und G. REINISCH: 4. Konferenz „Modifizierte Polymere", Bratislava/ČSSR, Juli 1975, Plenarvortrag. Pure appl. Chem., im Druck.

[16] Thomas, J. R., und O. L. Hearle: J. physic. Chem. **63** (1959) 1027.
[17] Reinisch, G., H.-H. Ulrich und E. Leibnitz: unveröff.
[18] Zimmermann, H.: Faserforsch. Textiltechnik **13** (1962) 481; Zimmermann, H., und E. Leibnitz: Faserforsch. Textiltechnik **16** (1965) 282.
[19] Rafler, G., G. Reinisch und E. Bonatz: Acta Chim. Acad. Sci. Hungariae **81**, 2/3 (1974) 253.
[20] Rafler, G., E. Bonatz und G. Reinisch: Faserforsch. Textiltechnik **24** (1973) 235.
[21] Landolt-Börnstein: Bd. 1: Atom- und Molekularphysik, 4. Kristalle.
[22] Dunger, K.: Diss. A, AdW der DDR, 1975.
[23] Zimmermann, H., G. Reinisch, K. Gehrke, E. Leibnitz und P. Lohmann: Abh. dt. Akad. Wiss. Berlin, Kl. Chem., Geol. Biol. **1965**, Nr. 3, 19; Zimmermann, H., und E. Schaaf: J. prakt. Chem. **312** (1970) 660.
[24] Gohlke, U., und G. Reinisch: Faserforsch. Textiltechnik **24** (1973) 282; Reinisch, G., und U. Gohlke: Vysokomolekuljarnije soedinenja **15 A** (1973) 372.

Manfred Ringpfeil

Technologische Aspekte der Reaktionen mit immobilisierten Enzymen

Ich möchte an meinen hier in der Klasse gehaltenen Vortrag anknüpfen, der den Aufbau der Biotechnologie als Wissensgebiet zum Inhalt hatte, um die Bedeutung dieses neuen Wirkprinzips und seine Einordnung in die Biotechnik sichtbar zu machen. Er ging davon aus, daß die Biotechnik zwei Arten stoffwandelnder Prozesse kennt (Abb. 1):

- solche, die die katalytische Wirkung der ganzen lebenden Zelle bzw. lebender, vermehrungsfähiger Teile von ihr nutzen — die mikrobiologischen Prozesse
- und solche, die die katalytische Wirkung nichtlebender, nichtvermehrungsfähiger Teile der Zelle nutzen — die biochemischen Prozesse [1].

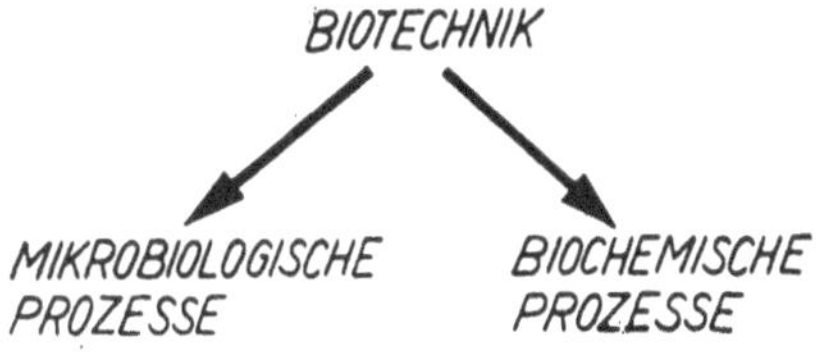

Abb. 1

Durch die Wechselwirkung zwischen den sich rasch erweiternden mikrobiologischen Produktionsverfahren und den sich ebenfalls entwickelnden Wissensgebieten der Mikrobiologie, Biochemie und Molekularbiologie ist es möglich und notwendig geworden, einen schon ziemlich geschlossenen Ansatz für eine Technologie mikrobiologischer Prozesse aufzustellen. An der Praxis der industriellen Fermentation können wir seine Zweckmäßigkeit erkennen und seine Vervollkommnung anstreben.

Anders verhält es sich mit der Situation auf dem Gebiet der biochemischen Prozesse. Die Anwendung isolierter freier Enzyme bzw. Enzympräparate ist keine neue Erscheinung in der Technik. Ihr Einsatz erfolgt aber heute vorwiegend als Hilfsstoff in verschiedenen Industriezweigen, z. B. in der Brau-, Textil-, Leder- und Zuckerindustrie und ist dort vollkommen in die Technologie dieser Produktionsprozesse einbezogen.

Es bestand bisher keine Notwendigkeit, eine verallgemeinernde Theorie der technischen Durchführung solcher enzymatischer Prozesse zu schaffen.

Erst der Gedanke, Enzyme aus der Zelle bzw. aus Zellverbänden zu isolieren, an unlösliche Träger unter Beibehaltung ihrer katalytischen Wirkung zu binden und damit ihre technologisch bedeutsamen Eigenschaften wie Aktivitäts/Zeit-Verhalten und Abtrennbarkeit aus dem Reaktionsgemisch grundsätzlich zu verändern, hat einen Wandel der Situation geschaffen. Mit ihm eröffnen sich neue Möglichkeiten, die ungewöhnlichen katalytischen Eigenschaften der Enzyme technisch zu nutzen. Der Aufbau komplizierter organischer Moleküle, der Aufschluß schwer zugänglicher Rohstoffe, die Nutzung natürlicher Energievorräte und sogar der Eingriff in die Lebensprozesse sind uns dadurch ein Stück nähergerückt. Damit wächst die Notwendigkeit, eine Technologie dieser Prozesse unter verallgemeinernden Gesichtspunkten auszuarbeiten.

Das Aufkommen des Gedankens der Immobilisierung von Enzymen läßt sich nicht eindeutig im Sinne einer Priorität lokalisieren. Schon zu Anfang unseres Jahrhunderts wurden Beispiele beschrieben, aber erst zu Beginn der 60er Jahre erlangte dieser Gedanke größere Aufmerksamkeit und Verbreitung. Zu den Pionieren dieser jüngsten Vergangenheit muß man Katchalski, Porath, Lilly und Cuatrecasas zählen [2—7].

In unserem Institut werden seit seiner Gründung im Jahre 1969 Arbeiten auf diesem Gebiet durchgeführt. Die Anfänge reichen bis in die 50er Jahre zurück, als wir für mikrobielle Polysaccharide, insbesondere das Dextran, Anwendungsmöglichkeiten suchten.

Die kovalente Bindung von Pharmaka wie INH, Noradrenalin und Oxytocin an modifizierte Dextrane mit dem Ziel der Erreichung eines Depoteffekts waren der Ausgangspunkt der Arbeiten zur Kupplung von Polysaccharidderivaten und Enzymen, die hauptsächlich von Gabert und seinen Mitarbeitern [8—13] ausgeführt wurden. Mit der Übernahme von Mitarbeitern aus dem ehemaligen Institut für organische Hochpolymere in unsere Arbeitsrichtungen konnten wir Ende der 60er Jahre unsere Arbeiten auf die Kupplung von synthetischen Hochpolymeren mit Enzymen ausdehnen, Arbeiten, die hauptsächlich von Langhammer und seinen Mitarbeitern [14—21] durchgeführt wurden.

Durch die Arbeiten von Babel und seinen Mitarbeitern [22—25] wurde die Verknüpfung der organisch-synthetischen Richtung mit der mikrobiellen Biochemie in unserem Institut herbeigeführt.

Enzyme als hochmolekulare Proteine besitzen, abhängig von pH-Wert, Ionenstärke und Temperatur, eine kolloidale Löslichkeit in wäßrigen Lösungen. Ihre Immobilisierung erfolgt nach 4 Methoden:

— Adsorption an unlösliche Träger durch Ionen- oder van der Waalssche-Kräfte

- kovalente Bindung an unlösliche Träger meist unter Zuhilfenahme von Kupplungsreagentien
- Vergrößerung der Molekülverbände und Abbindung löslichkeitsvermittelnder Gruppen durch Vernetzung untereinander mit bifunktionellen Reagentien
- Einschluß in Gele

Obwohl heute alle 4 Methoden angewendet werden, muß man der kovalenten Bindung doch die Hauptbedeutung zumessen, da sie einige Nachteile der anderen Methoden nicht aufweist, wie z. B. das Ausbluten von adsorbierten Enzymen während des Prozesses und die Beschränkung auf niedermolekulare Substrate und Produkte bei Geleinschlüssen.

Bausteine der Enzyme sind die Aminosäuren. Sie ermöglichen die kovalente Bindung der Enzyme an Träger, da eine ganze Reihe von ihnen mehr als zwei reaktive Gruppen enthalten. Für die Peptidbindung im Protein werden aber nur zwei benötigt und so gibt es eine Reihe von Reaktionsmöglichkeiten (Abb. 2).

REAKTIVE GRUPPEN IN PROTEINEN

H_2N —	Arg, Lys
HOOC —	Asp, Glu
HO —	Ser, Thr
HS —	Cys
 —	Phe, Tyr, Try

Abb. 2

Für fast alle diese Gruppen sind Kupplungsmethoden entwickelt worden.

Die Notwendigkeit, zur Erhaltung der katalytischen Aktivität die Reaktion unter physiologischen Bedingungen auszuführen, legt den Schritt der Herstellung einer unter diesen Bedingungen reaktionsfähigen Gruppe an den unempfindlicheren Träger. Zwischen Träger und Enzym vermitteln deshalb geeignete Kupplungsreagentien, die zu einer Erhöhung der Reaktionsbereitschaft der aktiven Gruppen am Träger beitragen, die Bindung (Abb. 3, 4, 5).

Mit der chemischen Bindung des Enzyms an einen Träger wird die neue Qualität des immobilisierten Enzyms erreicht. Zu der Eigenschaft, eine bestimmte Reaktion zu katalysieren, ist die Unlöslichkeit in wäßrigen Lösungen hinzugekommen, die es erlaubt, den Katalysator leicht vom Reaktionsgemisch abzutrennen und wiederholt einzusetzen.

Diese technologisch bedeutsame Eigenschaft wird wesentlich durch die Qualität des Trägers beeinflußt. Er soll eine möglichst große spezifische Oberfläche, hohe mechanische Stabilität. möglichst kugelförmige Gestalt und eine geringe unspezifische Adsorptionsneigung für Substrat und Produkt aufweisen. Die

Kupplungsreaktionen an -OH, -NH₂ und -SH-Trägergruppen

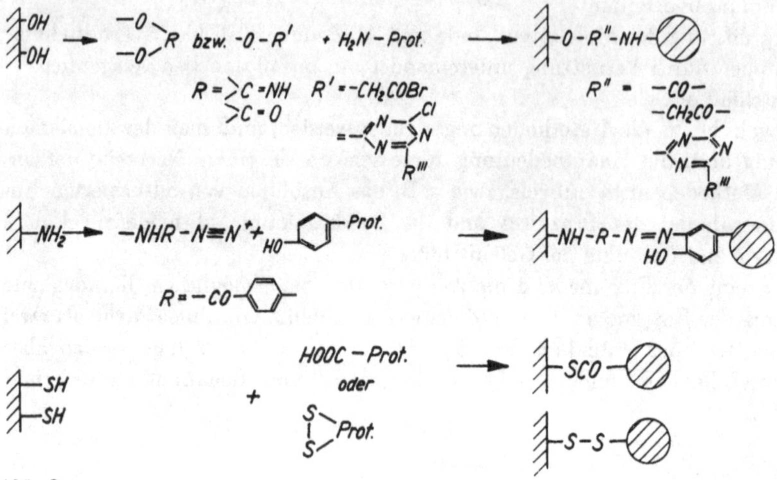

Abb. 3

Kupplungsreaktionen an OHC- und HOOC-Trägergruppen

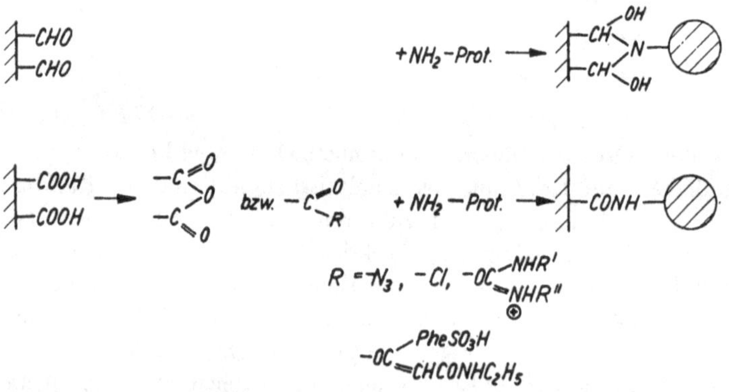

Abb. 4

Wiederverwendbarkeit eines immobilisierten Enzyms hängt jedoch auch in wesentlichem Maße von der Reinheit der verwendeten Reaktionsgemische bzw. Substrate ab. Je verunreinigter das Substrat ist, um so früher erschöpft sich die katalytische Aktivität.

Hydrophilie, Quellbarkeit und elektrische Ladung sind wesentliche Einflußgrößen auf die Über-alles-Geschwindigkeit der enzymkatalysierten Reaktion. Der An- und Abtransport des Substrats bzw. Produkts wird durch sie wesentlich

Kupplungsreaktionen mit spezifischen Trägermodifikationen

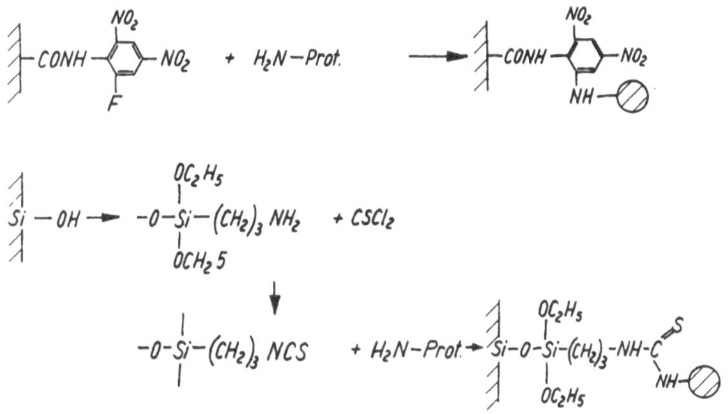

Abb. 5

beeinflußt. So sinkt z. B. die scheinbare Michaelis-Konstante bei entgegengesetzter Ladung von Träger und Substrat gegenüber der des freien Enzyms, während sie bei gleichsinniger Ladung von Träger und Substrat steigt.

Trotz der großen Zahl der eingesetzten synthetischen organischen Hochpolymere und der ausgezeichneten mechanischen Eigenschaften der porösen Gläser haben unter den möglichen Trägern für eine technische Nutzung heute immer noch Polysaccharidderivate, insbesondere der Cellulose und des Dextrans, den Vorzug.

Die chemisch an einen Träger gebundene Enzymmenge übersteigt nur in wenigen Fällen 1—3%. Einer dieser wenigen Fälle konnte in unserem Institut durch die Bindung von Trypsin an vernetztes Dextran verwirklicht werden, wobei 85% Enzym, bezogen auf das Gewicht des Enzym-Träger-Komplexes erzielt wurden [9, 26]. Jedoch ist gegenüber dem freien Enzym die Umsetzungsgeschwindigkeit nicht linear proportional der Enzymkonzentration, und zwar um so deutlicher, je größer der Anteil des gebundenen Enzyms am gesamten Enzym-Träger-Komplex ist. Eine sterische Hinderung der Reaktion anzunehmen, liegt nahe, zumal die gleiche Erscheinung bei der Vergrößerung der Substratmoleküle beobachtet werden kann.

Aber auch im Falle eines niedrigen Enzymanteils im gesamten Enzym-Träger-Komplex wird in der Regel eine Abnahme der Aktivität gegenüber dem freien Enzym beobachtet. Sie liegt zwischen 20 und 80%. Als Ursache kommt neben der schon besprochenen Wechselwirkung zwischen Träger und Substrat noch die eingeschränkte Beweglichkeit des Enzymmoleküls auf Grund der mehrfachen Fixierung an den Träger in Frage. Sie kann durch die Deformierung der Tertiär- und Quartärstruktur des Enzymmoleküls sowie durch die relative Lage seines aktiven Zentrums zum Träger bewirkt werden. Zur Verminderung der sterischen Hinderung des Substratzutritts zum aktiven Zentrum des immobilisierten Enzyms wurden Moleküle zwischen Träger und Enzym eingeschoben, die eine Vergrößerung des Abstandes bewirken sollten (Abb. 6). Tatsächlich ist es in einigen Fällen gelungen, die Aktivität zu erhöhen. Allerdings ist eben der Abstand zwischen Träger und aktivem Zentrum nicht der einzige Grund für die Behinderung der Reaktion, und deshalb ist diese Methode auch kein universell anwendbares Mittel.

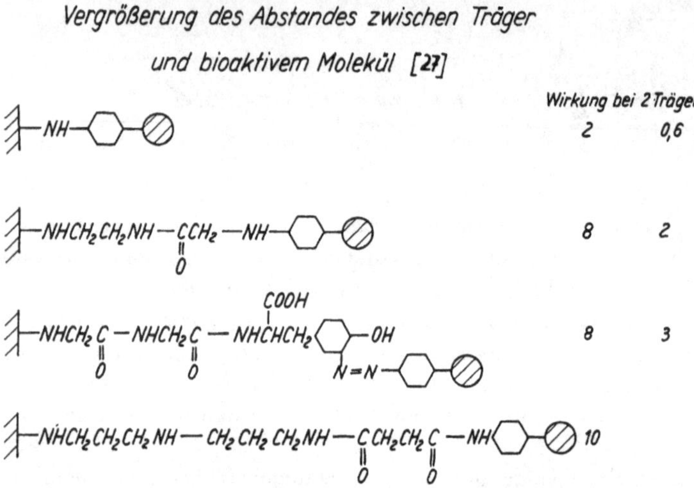

Abb. 6

Die eingeschränkte Beweglichkeit der fixierten Enzyme führt in einer Reihe von Fällen zu einer erhöhten Stabilität. Häufig wurde über große Lagerstabilität berichtet. So büßte bei uns an Glas fixierte alkalische Phosphatase nach 8monatiger Lagerung bei Zimmertemperatur in Pufferlösung keine Aktivität ein [12]. Jedoch ist die Stabilität bei der Lagerung nicht mit der im Gebrauch zu vergleichen, weshalb Zahlen über Lagerstabilität für die Vorratswirtschaft in technischen Verfahren, nicht aber über den Verschleiß des Katalysators im Prozeß Auskunft zu geben vermögen. Eine erhöhte Stabilität gegenüber Temperatur und pH-Wert tritt ebenfalls auf (Abb. 7).

Aus der Übersicht über die Kupplungsreaktionen war ersichtlich, daß die meisten Reaktionen im alkalischen Bereich stattfinden. Nur die Isothiocyanatgruppe und die Carbodiimidaktivierung ermöglichen eine Reaktion im neutralen bzw. schwach sauren Bereich. Viele Enzyme sind jedoch im alkalischen Bereis instabil. Deswegen kann eine vollständige Transferierung der Aktivität des freien Enzyms in die gebundene Form kaum stattfinden.

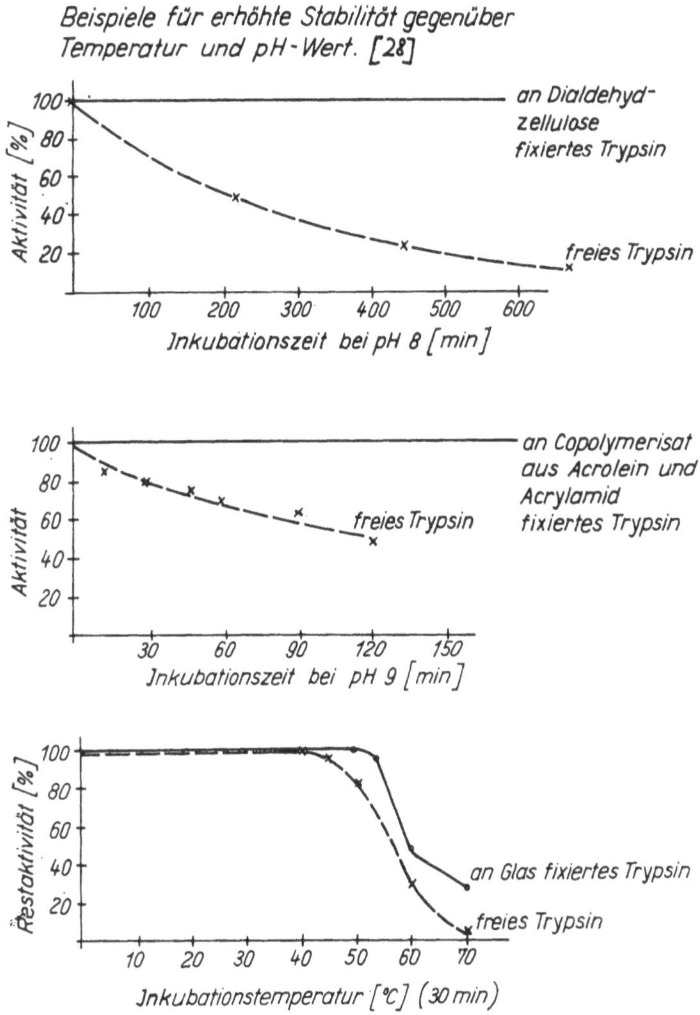

Abb. 7

In unserem Institut wurden Erfahrungen bei der chemischen Verknüpfung einer Reihe von Enzymen mit jeweils einer größeren Anzahl von Trägern nach verschiedenen Kupplungsmethoden gewonnen (Tab. 1). Aus diesen Erfahrungen heraus läßt sich schlußfolgern, daß es heute noch keine Voraussagen über die zweckmäßigste Kombination von Enzymen, Kupplungsreaktion und Träger geben kann, sondern daß für jedes Enzym und die mit ihm angestrebte Um-

Tabelle 1
Bisher erprobte Träger und verwendete Enzyme

Dialdehydpolysaccharide	Trypsin
BrCN akt. Polysaccharide	Chymotrypsin
CMC-Azid	Urease
Epoxide von Polysacchariden	Glucoamylase
	Glucoseoxidase
Copolymerisate aus Acrolein	Aminoacylase
und Acrylamid	Flußkrebstrypsin
Polyacrolein	Cholinesterase
Copolymerisate aus MSA und Styrol	Katalase
PVC	Pectinase
Polyurethanderivate	Protease G 4
	L 50
mit Titansalzen aktivierte Träger	Aspergillusprotease
Strahlengepfropfte Polymere	Thrombin
Glas	Labenzym
	Glutamatdehydrogenase
Glutaraldehydvernetzung	
Polyacrylamideinschluß	

setzung Kupplungstyp und Träger empirisch ausgewählt und „maßgeschneidert“ eingesetzt werden müssen. Der Hauptgrund dafür ist, daß unsere Kenntnisse über den Bau der Enzyme für die Beantwortung der mit ihrer Fixierung in Zusammenhang stehenden Fragen völlig unzureichend sind.

Für den technischen Einsatz eines immobilisierten Enzyms ist natürlich die Bereitstellung ausreichender Mengen möglichst reinen Enzyms eine unumgängliche Voraussetzung. Auf diesem Gebiet sehen wir uns heute einer schwierigen Situation gegenüber. Die wenigsten der uns bekannten Enzyme fallen außerhalb der Zelle als sogenannte exozelluläre Enzyme an. Ein Beispiel dafür aus dem Bereich der mikrobiellen Enzyme bietet die von uns untersuchte Dextransucrase, die nach einer pseudoautokatalytischen Reaktionsordnung mit nur geringer Zeitverzögerung gegenüber der Zellmassebildung entsteht und ausgeschüttet wird (Abb. 8) [29]. Mit solchen leicht gewinnbaren Enzymen, zu denen auch die Glucoamylase gehört, sind jedoch Immobilisierungen mit dem Ziel ihres wiederholten Einsatzes in industriellen Prozessen aus ökonomischen Erwägungen heraus nicht zweckmäßig.

Für die intrazellulären Enzyme, die während der Zellvermehrung in der Zelle gebildet und nicht in das umgebende Medium ausgeschüttet werden, erfolgt die

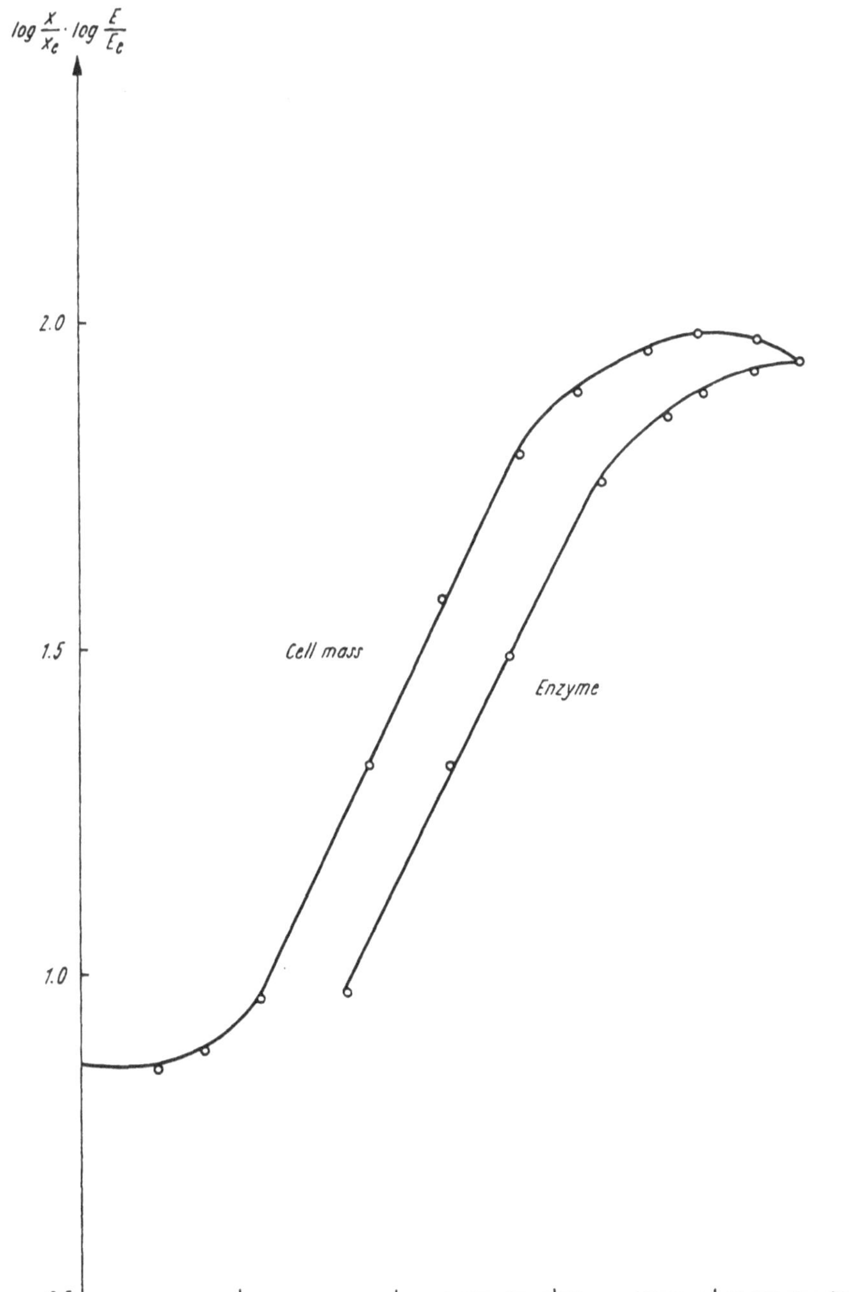

Abb. 8 Courses of growth and enzyme production. Enzyme is measured as activity by determination of liberated fructose

Gewinnung über die Zerstörung der Zellwände und die chemische Aufarbeitung unter physiologischen Bedingungen. Für die Zukunft kann damit gerechnet werden, daß die Abtrennung bestimmter Enzyme sich einfacher gestalten wird durch eine Methode, die auf den gleichen Prinzipien wie die Immobilisierung der Enzyme durch kovalente Bindungen beruht. An unlösliche Träger können auch andere Moleküle gebunden werden. So auch Inhibitoren für bestimmte Enzyme, die dann mit dem Enzym eine spezifische Bindung eingehen und seine Isolierung aus der umgebenden Lösung bewirken.

Umgekehrt kann natürlich auch mit fixiertem Enzym der entsprechende Inhibitor aus reinen Lösungen isoliert werden, so daß ein stufenweises Anreicherungsverfahren zu immer größeren Substanzmengen möglich wird. Diese Methode der Affinitätschromatographie ist in unserem Institut an verschiedenen Beispielen untersucht worden.

Die Aufarbeitung intrazellulärer Enzyme birgt eine weitere bedeutende Schwierigkeit. Sie besteht darin, daß die meisten dieser Enzyme in irgendeiner Weise in der Zelle an bestimmte Strukturen gebunden, fixiert, sind. Bei der Zellzerstörung können häufig nicht solche Methoden gefunden werden, die eine Ablösung des Enzyms ohne Verlust seiner katalytischen Aktivität bewirken. Deswegen wird heute im Falle mikrobieller Enzyme versucht, durch geeignete Methoden die Organismen unter Beibehaltung bestimmter katalytischer Aktivitäten abzutöten und permeabel zu machen. Die so behandelten Organismen fungieren dann als Träger für die aktiv gebliebenen Enzyme. Solche in situ-Reaktionen können eine bedeutende Erleichterung für die Durchführung technischer Prozesse mit sich bringen, da die Abtötung und Permeabilisierung von Mikroorganismenzellen leichter die kontinuierliche Versorgung eines technischen Prozesses mit Katalysatormaterial sichert.

In unserem Institut wurde bei der Suche nach Verfahren zur Verwertung von C_1-Körpern eine Möglichkeit des Einbaus von Formaldehyd in das Gerüst von Pentosen mittels einer Hexulosephosphatsynthase in situ gefunden (Abb. 9). Die Präparierung der Zellen erfolgt durch Behandlung mit Toluol [30, 31].

Auch die Oxidation von Methanol zu Formaldehyd konnte bei uns durch eine Methanoloxidase bewirkt werden. Die prosthetische Gruppe dieses Enzyms ist FAD, also eine direkt mit Sauerstoff reagierende Gruppe, deren Regenerierung nicht erforderlich ist [32].

Für den technischen Einsatz isolierter Enzyme kommen heute fast ausschließlich nur solche in Betracht, die eine Reaktion katalysieren, die die dazu benötigte Energie aus dem Substratmolekül entnimmt (Abb. 10). Es handelt sich meist um Spaltreaktionen.

Natürlich ist es von wesentlicher Bedeutung, die aufbauenden enzymatischen Reaktionen technisch nutzbar zu machen. Die vorhin erwähnte Hexulose-

Übertragung von C_1-Körpern in organische Moleküle

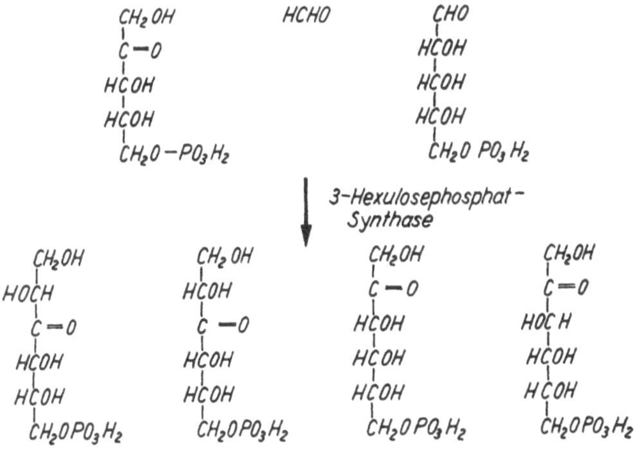

Abb. 9

Beispiele für enzymatische Spaltreaktionen

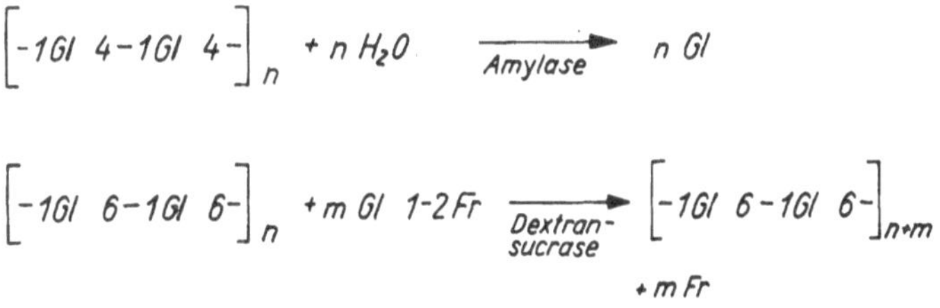

Abb. 10

phosphatsynthese ist ein Beispiel, wo die Energie des Formaldehyds offensichtlich ausreicht, um seinen Einbau in ein Zuckermolekül zu bewirken; die vorhin erwähnte Methanoloxidation ein Beispiel, wo die Energiezufuhr direkt aus dem molekularen Sauerstoff in die prosthetische Gruppe des Enzyms erfolgen kann.

Jedoch sind schon nicht alle enzymatischen Oxidationsreaktionen so einfach durchführbar.

Entsprechend den Vorgängen in der Zelle sind Oxidations- und Aufbaureaktionen an Energielieferanten wie NAD, NADP bzw. ATP gebunden (Abb. 11).

Die Regenerierung dieser Cosubstrate kann auf verschiedene Weise erfolgen (Abb. 12). Auf alle Fälle führt sie aber zu einer Komplizierung der Synthese. Erste Modelle, die aus der Schule von Mosbach stammen, zeigen, daß die Fi-

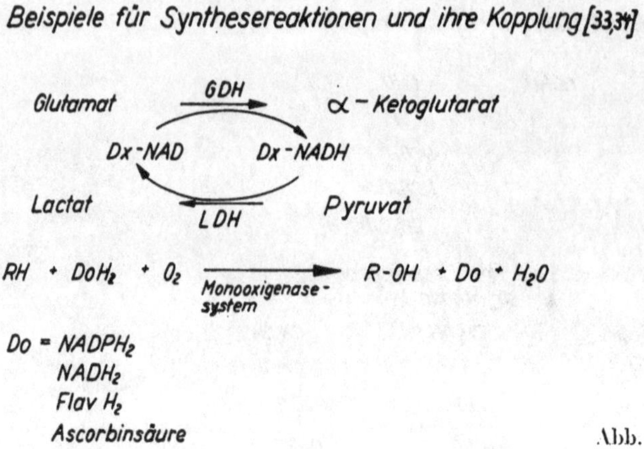

Abb. 11

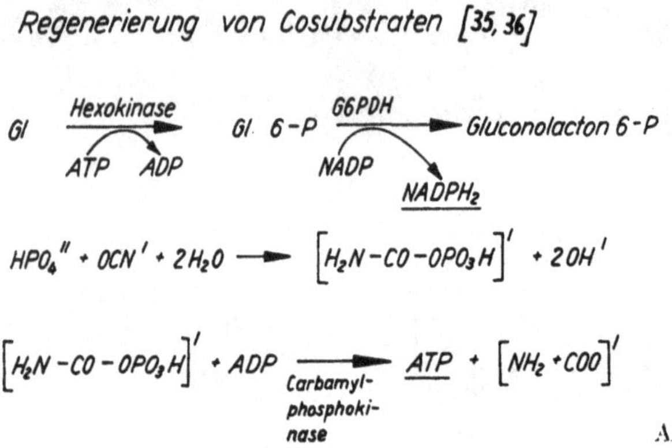

Abb. 12

xierung aller beteiligten Enzyme auf einem Träger eine höhere Geschwindigkeit der Reaktion erbringen als separat fixierte [37]. Auch für diese Multienzymreaktionen werden wahrscheinlich entsprechend präparierte Zellen ebenfalls schneller zu praktikablen Anwendungen führen als die Fixierung der Enzymketten auf künstliche Träger.

Es wurde schon darauf hingewiesen, daß die Methode der immobilisierten Enzyme nicht nur für Stoffwandlungen, sondern auch für Stofftrennungen in Form der Affinitätschromatographie einsetzbar ist.

Bei ihrer Verwendung muß berücksichtigt werden, daß meist zwei hochmolekulare Verbindungen miteinander reagieren. Häufig kann ihre Bindung aneinander durch Veränderung von Ionenstärke und pH-Wert wieder gelöst werden, so daß Be- und Entladung des Austauschers relativ einfach bewerkstelligt werden können. Das desorbierte Isolat fällt jedoch in einer Salzlösung an, die nicht immer dem Verwendungszweck des Isolats angepaßt ist und deshalb durch nachfolgende Trennungsschritte beseitigt werden muß.

Die Reaktion einer hochmolekularen Verbindung mit einer zweiten in einem Gel fixierten Verbindung gelingt nicht immer mit der notwendigen Geschwindigkeit, da die Diffusion an den Reaktionsort erschwert ist. Hierfür gelten in besonderem Maße die vorhin getroffenen Feststellungen zur Überwindung der sterischen Hinderung.

In unserem Institut wurden mit der Affinitätschromatographie bereits Laborversuche unter simulierten technischen Bedingungen vorgenommen. Dabei wurde festgestellt, daß nicht die gesamte aufgegebene Substanz wieder eliminiert werden kann und deswegen allmählich eine Ermüdung des Austauschers eintritt. Auch hier kann also der adsorbierende Träger-Wirkstoff-Komplex nicht beliebig oft eingesetzt, sondern muß durch frischen ersetzt werden.

Als Reaktorsysteme kommen für Reaktionen mit immobilisierten Enzymen bzw. für Stofftrennungen mit immobilisierten bioaktiven Stoffen die gepackte Säule, der Rührreaktor, der Membranreaktor und das Reaktionsrohr in Frage. Die Wahl richtet sich heute infolge des noch geringen Maßstabs hauptsächlich danach, welche Eigenschaften des Trägers vorliegen und welche Diffusionsbehinderungen sich aus der Wechselwirkung von Träger, immobilisiertem aktivem Molekül und Substrat ergeben.

Die Betriebsweise ähnelt der bei Prozessen unter Verwendung von Ionenaustauschern.

Wie bei der Entwicklung der Technologie mikrobiologischer Prozesse kann hier die chemische Technologie Analogiebeispiele liefern und die Entwicklung der Technologie biochemischer Prozesse stark beeinflussen. Heterogene Katalyse, Extraktions- und Ionenaustauschtechnik sind als solche relevante Gebiete der chemischen Technologie zu nennen.

Aus den bisher mitgeteilten internationalen und eigenen Erfahrungen kann zusammenfassend festgestellt werden, daß die Immobilisierung von Enzymen neue Aspekte der Stoffwandlung und -trennung aufgezeigt hat. Die technische Verwirklichung dieses neuen Wirkprinzips erfordert jedoch eine kontinuierliche Bereitstellung von Enzym, Träger und Kupplungsreagens sowie ein spezifisches know-how für jeden einzelnen Prozeß. Die Energiezuführung für aufbauende Reaktionen kann meist nur in Analogie zu den Vorgängen in der Zelle durch gekoppelte Reaktionen mit mehreren Enzymen erfolgen.

Die technische Nutzung dieses neuen Wirkprinzips geht deshalb gegenwärtig noch langsam voran. Bevorzugt sind Prozesse mit spaltenden Enzymen.

Dementsprechend finden sie wahrscheinlich zuerst Anwendung in der Lebensmittel- und pharmazeutischen Industrie.

Unsere Schlußfolgerungen aus dem gegenwärtigen Stand der Entwicklung sind

1. daß trotz der vielschichtigen Probleme, die bei der industriellen Nutzung dieses neuen Wirkprinzips auftreten, die Anwendung immobilisierter Enzyme in der Technik sich durchsetzen wird und neue Möglichkeiten in der chemischen, Rohstoff- und Energieindustrie eröffnet,

2. daß zunächst in der Lebensmittel- und pharmazeutischen Industrie infolge der Einfachheit der Reaktion, der Zugänglichkeit der dazu verwendeten Enzyme und des begrenzten Produktionsmaßstabes Anwendungen von immobilisierten Enzymen zur Rationalisierung der Prozesse und Erhöhung der Qualität der Produkte angestrebt werden sollten, um Erfahrungen im technischen Maßstab zu gewinnen,

3. daß die in situ-Enzym-Reaktionen in abgetöteten und permeabilisierten Mikroorganismen für komplexe Reaktionsfolgen verstärkt im Hinblick auf eine technische Nutzung untersucht werden sollten,

4. daß die Affinitätschromatographie zur Gewinnung von Enzymen und anderen bioaktiven Stoffen hauptsächlich mit dem Ziel der Erweiterung der Pharmakapalette in den technischen Maßstab überführt werden sollte,

5. daß das mit der Anwendung künstlich immobilisierter oder in situ befindlicher Enzyme und anderer bioaktiver Stoffe für die Stoffwandlung und -trennung eröffnete Gebiet einen solchen Umfang hat, daß die Ausarbeitung einer Technologie dieser Reaktionen unter verallgemeinernden Gesichtspunkten zweckmäßig ist.

Literatur

[1] Ringpfeil, M.: „Über Grundlagen und Entwicklung der Biotechnologie." Vortrag zur gemeinsamen Sitzung der Klassen „Stoffwandlung" und „Biologische Prozeßsteuerung" am 27. April 1972.

[2] Katchalski, E.: Effect of the microenvironment on the mode of action of immobilized enzymes. Adv. Enzymol. **34**, 445—536, 1971.

[3] Gryszkiewicz, J.: Insoluble enzymes — a review. Folia Biologica **19**, 119—150, 1971.

[4] Cuatrecasas, P.: Affinity chromatography of macromolecules. Adv. Enzymol. **36**, 29—89, 1972.

[5] Orth, H. D., und W. Brümmer: Trägergebundene, biologisch aktive Substanzen und ihre Anwendung. Angew. Chem. **84**, 319—368, 1972.

[6] Vieth, W. R., und K. Venkatasubramanian: Enzyme engineering. II—IV. Chem. Technol. **4**, 47—55, 309—320, 434—444, 1974.

[7] Hedén, C. G.: "Socio-economic and ethical implications of enzyme engineering." IFIAS — Study No. 1., 1974.

[8] Flemming, Ch., A. Gabert und P. Roth: Synthese und Eigenschaften trägerfixierter Enzyme. I. Kovalente Bindung von Trypsin an Dialdehydzellulose. Acta Biol. Med. Germ. **30**, 177—182, 1973.

[9] Flemming, Ch., A. Gabert und P. Roth: Synthese und Eigenschaften trägerfixierter Enzyme. II. Kovalente Bindung von Trypsin an Dialdehydepidex, Dialdehydsepharose und 3-Chlor-2-hydroxy-n-propylepidex. Acta Biol. Med. Germ. **31**, 365—373, 1973.

[10] Flemming, Ch., A. Gabert, P. Roth und H. Wand: Synthese und Eigenschaften trägerfixierter Enzyme. III. Kovalente Bindung von Aminoazylase I an Dialdehydepidex und Dialdehyddextran. Acta Biol. Med. Germ. **31**, 449—451, 1973.

[11] Flemming, Ch., A. Gabert und P. Roth: Synthese und Eigenschaften trägerfixierter Enzyme. IV. Kovalente und adsorptive Bindung von Peroxydase an Dialdehydpolysaccharide und 3-Chlor-2-hydroxy-n-propylepidex. Acta Biol. Med. Germ. **32**, 127—134, 1974.

[12] Flemming, Ch., A. Gabert und H. Wand: Synthese und Eigenschaften trägerfixierter Enzyme. V. Kovalente Bindung von Trypsin, Glukoamylase, Peroxydase, Aminoazylase und alkalischer Phosphatase an γ-Isothiozyanatopropyldiäthoxysilyl-Glas. Acta Biol. Med. Germ. **32**, 135—141, 1974.

[13] Flemming, Ch., A. Gabert, P. Roth und M. Rudel: „Verfahren zur Herstellung wasserunlöslicher Proteine, Proteide und Peptide.“ WP 83 154 (22. 5. 1970).

[14] Pauli, G., A. Gabert, G. Langhammer und M. Gomoll: „Verfahren zur Herstellung von in Wasser löslichen Kupplungsprodukten aminogruppenhaltiger biologisch-aktiver Verbindungen mit carbonylgruppenhaltigen Polymeren.“ WP 90 197 (20. 5. 1972).

[15] Berger, R., A. Gabert, M. Gomoll, G. Langhammer und P. Roth: „Verfahren zur Herstellung aldehydgruppenhaltiger polymerer Träger für die Fixierung biologisch aktiver Substanzen.“ WP 101 168 (20. 10. 1973).

[16] Berger, R., M. Gomoll, M. Hennig und H. Sachse: „Verfahren zur Herstellung aldehydgruppenhaltiger Polymerer mit Polyampholytcharakter.“ WP 101 170 (20. 10. 1973).

[17] Langhammer, G., M. Gomoll, H. Seide und Ch. Flemming: „Verfahren zur Herstellung von aldehydgruppenhaltigen Trägern für die kovalente Kupplung von biokatalytisch wirksamen Substanzen.“ WP 104 088 (20. 2. 1974).

[18] Schellenberger, A., G. Nafe, G. Langhammer und M. Gomoll: „Verfahren zur Fixierung von Urease an eine wasserunlösliche Matrix.“ WP 106 856 (5. 7. 1974).

[19] Berger, R., M. Gomoll und G. Langhammer: „Verfahren zur Herstellung modifizierter Styrol-Maleinsäureanhydrid-Copolymerer als Träger für die Fixierung biologisch aktiver Verbindungen.“ WP 108 311 (12. 9. 1974).

[20] Berger, R.: Fixierung von Trypsin an modifiziertes Wofatit CA 20®.“ Acta Biol. Med. Germ. in Vorbereitung.

[21] Berger, R., und M. Gomoll: „Kupplung von Enzymen an modifizierte Styrol-Maleinsäureanhydrid-Copolymere.“ Acta Biol. Med. Germ., in Vorbereitung.

[22] Babel, W.: „Enzyme als Kontrollgrößen in der Fermentation.“ Vortrag im ItC am 9. 10. 1972.

[23] Babel W.: „Über die Rolle der biochemischen Forschung bei der Entwicklung technisch-mikrobiologischer Verfahren.“ Vortrag im ItC am 16. 12. 1974.

[24] Babel, W.: „Methylotropher Stoffwechsel von Bakterien.“ Vortrag anläßlich der Tagung „Mikrobielle und technische Biochemie“ der Sektion Mikrobiologie der Biologischen Gesellschaft der DDR am 5. 12. 1974.

[25] Babel, W., und L. Wünsche: „Verwertung von C-1-Körpern bei der Zellvermehrung.“ Vortrag anläßlich der wissenschaftlichen Session „Zu Fragen der Mikrobiologie und der wissenschaftlichen Grundlagen der mikrobiologischen Industrie“ am 25. 2. 1975.

[26] Flemming, Ch., und P. Roth: Dissertation Karl-Marx-Universität, Leipzig 1971.

[27] Cuatrecasas, P.: “Functional purification of proteins and peptides by affinity chromatography.” Z. Agr. Food Chem. **19**, 600—604, 1971.

[28] Flemming, Ch., M. Gomoll und P. Roth: Unveröffentlichte Ergebnisse.

[29] Ringpfeil, M., und M. Selenina: “Preliminary Studies for Continuons Production of Dextran.” Proceedings of the 2nd Symposium on Continuons Cultivation of Microorganisms, ed. by I. Malek, K. Beran and J. Hospodka. Publ. House of ČSAV, Prague 1964.

[30] Babel, W., und R. Müller: Patentoffenlegungsschrift „Verfahren zur enzymatisch katalysierten Synthese von Hex(ul)ose-6-phosphaten bzw. Hexosen“, 1975.

[31] Babel, W., und R. Müller: Zur Kinetik der Hexulosephosphat-Synthase methylotropher Bakterien in vitro und in situ. Z. Allgem. Mikrobiol., in Vorbereitung.

[32] Loffhagen, N., und W. Babel: Unveröffentlichte Ergebnisse.

[33] Davies, P., und K. Mosbach: “The application of immobilized NAD^+ in an enzyme electrode in model enzyme reactors.” Biochim. Biophys. Acta **370**, 329—338, 1974.

[34] Ullrich, V.: „Enzymatische Hydroxylierungen mit molekularem Sauerstoff.“ Angew. Chem. **84**, 689—701, 1972.

[35] Mosbach, K., und B. Mattiasson: Matrix-bound enzymes. II. Studies on a matrix-bound two-enzyme-system. Acta chem. Scand. **24**, 2093, 1970.

[36] Marshall, D. L.: “ATP regeneration using immobilized carbamylphosphokinase.” Biotechnol. Bioeng. **15**, 447—453, 1973.

[37] Mattiasson, B., und K. Mosbach: “Studies on matrix-bound three-enzyme-system.” Biochim. Biophys. Acta **235**, 253—257, 1971.

Ernst Schmitz

Neue Wege zu Heterocyclen

Bei unseren Arbeiten auf dem Gebiet organischer Zwischenprodukte suchen wir nach neuen Reaktionsmöglichkeiten von Ausgangsstoffen, die in der Industrie in größerer Menge zur Verfügung stehen. Zielprodukt war vor einigen Jahren das Caprolactam, für das eine neue Synthese gesucht wurde. Eine etwas gewagte Arbeitshypothese sah vor, im Acrylsäure-allylamid, einer im Prinzip aus Propylen zugänglichen Substanz, die beiden Molekülenden zu verknüpfen und dadurch den Siebenring des Caprolactams zu erzeugen (Abb. 1).

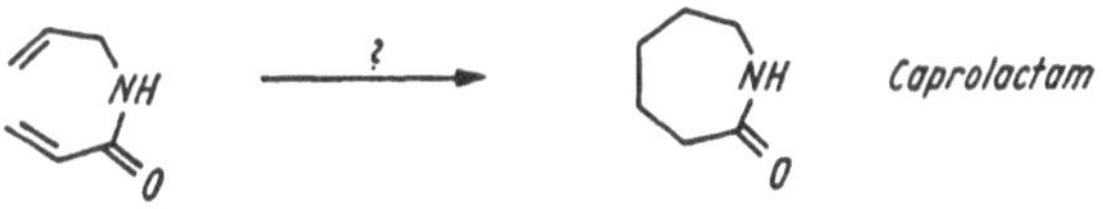

Abb. 1

Die gewünschte Bildung des Siebenringes ließ sich nicht erreichen. Es zeigte sich jedoch, daß einige ähnlich gebaute Verbindungen leicht Cyclisierung zu Fünfringen erleiden. Damit deutete sich die Möglichkeit an, Heterocyclen nicht in der konventionellen Weise durch Einbau eines Heteroatoms in ein fertiges Kohlenstoffskelett, sondern durch C—C-Knüpfung einer bereits Stickstoff enthaltenden Verbindung herzustellen. Wir haben diese Möglichkeit im Rahmen unserer Initiativforschung verfolgen können; über die bisherigen Ergebnisse berichtet die vorliegende Publikation.

Die ersten Bedenken gegen die oben skizzierte Arbeitshypothese waren da, bevor der erste Versuch durchgeführt wurde. Man weiß heute, daß die Alkylgruppen von Säureamiden transständig zur CO—N-Gruppierung angeordnet sind, also nicht die für einen Ringschluß geeignete Position einnehmen (Abb. 2).

Abb. 2

Diesen Nachteil vermeidet das Acrylsäure-diallylamid, in dem auf jeden Fall eine der beiden Allylgruppen cisständig zur Vinylgruppe des Säurerestes angeordnet ist.

Tatsächlich veränderte sich das Acrylsäure-diallylamid schnell, wenn man seine Lösung mit katalytischen Mengen Palladium- oder Rhodiumsalzen erwärmte. Nach wenigen Stunden war die Ausgangsverbindung nicht mehr nachzuweisen.

Das Reaktionsprodukt dieses ersten Versuches war allerdings ein sehr kompliziertes Gemisch von Substanzen (Abb. 3). Es sind sieben zum Ausgangsprodukt isomere Heterocyclen entstanden, und zwar ausschließlich Fünfringstrukturen, ein Hydrierungsprodukt und eine Verbindung, der eine Allylgruppe fehlt.

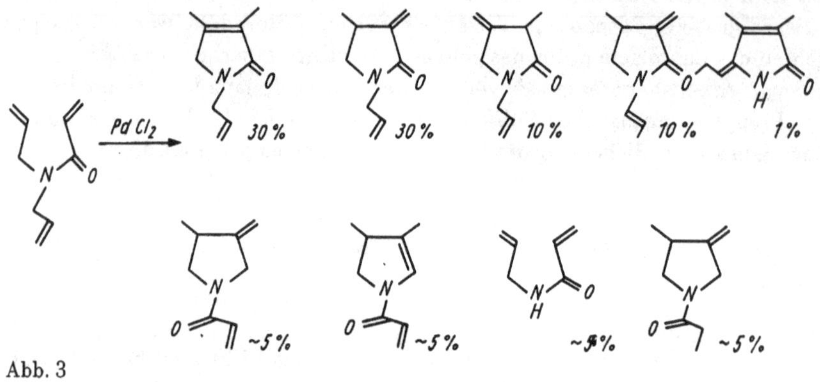

Abb. 3

Die Auftrennung des Gemisches und die strukturelle Aufklärung der einzelnen Komponenten soll hier nicht nachgezeichnet werden. Es war eine langwierige Arbeit, bei der alle Möglichkeiten unserer Instrumentalanalyse eingesetzt werden mußten. Man sieht in Abb. 3, daß im Prinzip zwei Ringschlußmöglichkeiten benutzt werden, die Verknüpfung des Säurerestes mit einer Allylgruppe und die Verknüpfung der beiden Allylgruppen, jeweils zum Fünfring. Der erste Typ überwiegt mit rund 80% Ausbeute bei weitem, der zweite Typ umfaßt etwa 15% der Produkte.

Offensichtlich ist unsere Ausgangsverbindung schon zu kompliziert für einen einigermaßen einheitlichen Reaktionsverlauf. Wir mußten von einfacheren Ausgangsprodukten ausgehen, denen von den beiden Cyclisierungsrichtungen nur jeweils eine offenstand. In dem Acrylsäure-diallylamid war also einmal die eine der beiden Allylgruppen durch einen gesättigten Alkylrest zu ersetzen, zum anderen die Acrylsäuregruppierung durch einen gesättigten Säurerest. Diese zwei Verbindungen haben wir jeweils mit Palladiumchlorid und mit Rhodiumchlorid umgesetzt, was zu vier Versuchsreihen führte (Abb. 4).

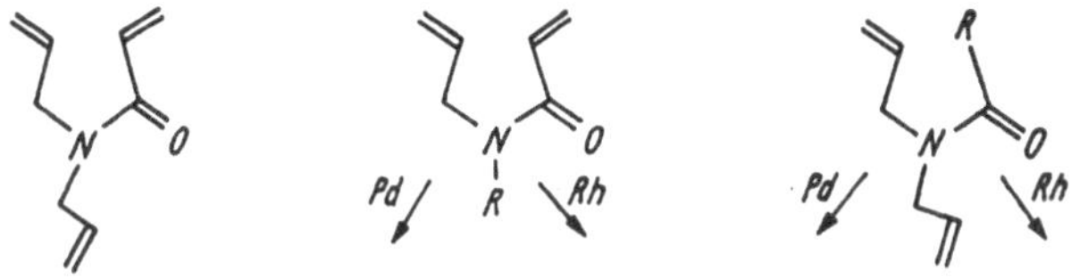

Abb. 4

Der erste dieser Versuche, die Umsetzung von Alkyl-allyl-acrylamiden mit Palladiumchlorid, führte zu zwei Verbindungen, die mit dem Ausgangsprodukt isomer waren, also offensichtlich Ringschlußprodukte waren. Eines der Produkte überwog mengenmäßig, im Falle des in Abb. 5 dargestellten Äthyl-amids betrug das Mengenverhältnis 88 : 12. Die Summenformeln kann man heutzutage nach Aufnahme des Massenspektrums sofort hinschreiben. Zur Strukturaufklärung wurden dann die UV- und IR-Spektren, vor allem aber die Kernresonanzspektren herangezogen, die uns die meiste Information lieferten. Die Struktur des Hauptproduktes war schnell aufgeklärt. Die Substanz enthielt zwei neue Methylgruppen; deren Nachbar-C-Atome enthielten keinen Wasserstoff. Damit war die Fünfringstruktur und die Lage der Doppelbindung sichergestellt.

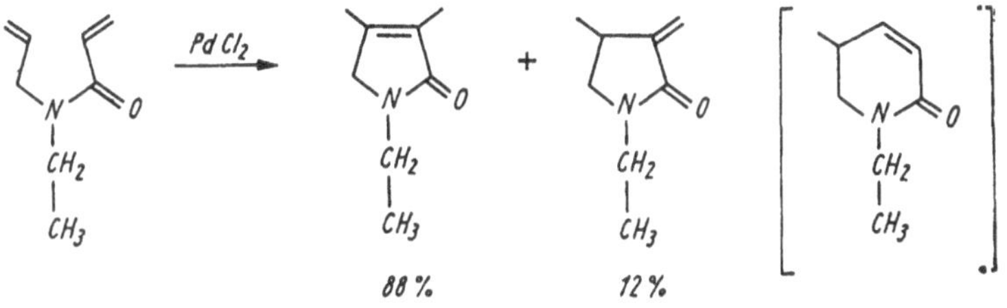

Abb. 5

Bei dem Nebenprodukt konnten wir lange nicht entscheiden, ob ein Fünfring oder ein Sechsring vorlag. Die Entscheidung zwischen den beiden Alternativstrukturen gelang auf Grund einer sehr eingehenden Diskussion der NMR-Spektren, schließlich aber auch auf einem beinahe klassischen Weg: Bei der Hydrierung sollte aus dem Fünfring eine Verbindung mit drei Methylgruppen entstehen, aus dem Sechsring eine Verbindung mit zwei Methylgruppen, die sich im Kernresonanzspektrum leicht abzählen lassen. Der Versuch ergab drei Methylgruppen und damit die Fünfringstruktur.

Abb. 6 zeigt die Umsetzung des gleichen Ausgangsproduktes mit Rhodiumchlorid.

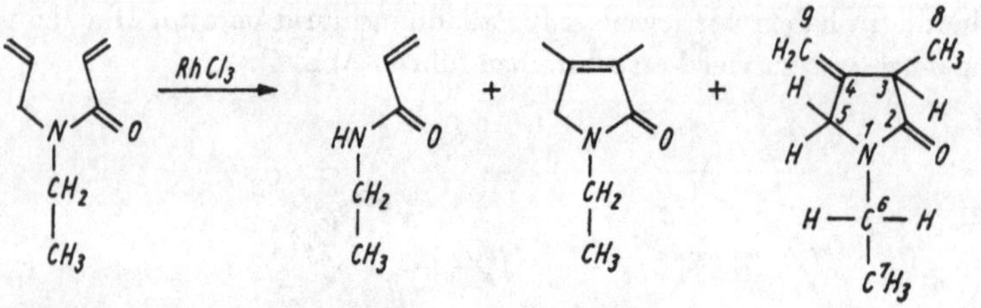

Abb. 6

Man sieht als erstes, daß die Reaktion offensichtlich weniger glatt zur Ringbildung führt; Hauptprodukt ist ein offenkettiges Säureamid, das seine Allylgruppe bei der Reaktion eingebüßt hat.

Von den beiden cyclischen Verbindungen, die sich im Massenspektrum als Isomere des Ausgangsmaterials auswiesen, war uns die linksstehende Verbindung von den Palladiumversuchen her bekannt.

Für die zweite Verbindung zeigte das UV-Spektrum, daß die C—C-Doppelbindung nicht in Konjugation zur Carbonylgruppe steht. Die zunächst in Betracht gezogene Strukturformel ist in Übereinstimmung mit Kernresonanzdaten, die die Äthylgruppe, eine neue Methylgruppe zwei olefinische Wasserstoffe und drei H-Atome am gesättigten C-Atom angeben.

Den strengen Beweis für diese Struktur gab eine neue Meßtechnik: Die Kernresonanz in Gegenwart von Komplexbildnern. Nimmt man ein Spektrum unseres Lactams in Gegenwart eines Europiumkomplexes auf, so koordiniert sich das Europium an den Lactamsauerstoff und beeinflußt die Lage der einzelnen Signale der H-Atome. Und zwar sind die Linienverschiebungen um so größer, je näher das Europium räumlich zu dem jeweiligen H-Atom steht. In unserem Fall wird das H-Atom an C-3 und ein H-Atom an C-6 am stärksten beeinflußt, es folgen die H-Atome an C-8, dann die an C-5 und C-7, während die H-Atome an C-9 die schwächste Verschiebung zeigen. Das ist in Übereinstimmung mit unserem Strukturvorschlag.

Bei den bisherigen Versuchen hatte der Säurerest eine Doppelbindung enthalten, und der Stickstoff trug eine Allylgruppe. Es sollten sich Versuche anschließen, in denen der Säurerest keine Doppelbindung trägt, dafür aber zwei Allylreste am Stickstoff stehen. Auch hier dürfte nur eine übersehbare Anzahl von Cyclisierungsprodukten entstehen. Es wurden also Diallyl-carbonamide mit Übergangsmetallen umgesetzt; zunächst mit Palladiumchlorid. Die Reaktion war unerwartet langsam, führte aber schließlich zu einem einigermaßen vollständigen Umsatz. Isoliert wurden zwei Produkte (Abb. 7). Das Hauptprodukt war ein Heterocyclus und isomer mit dem Ausgangsmaterial. Daneben trat ein Säureamid auf, das eine Allylgruppe verloren hatte.

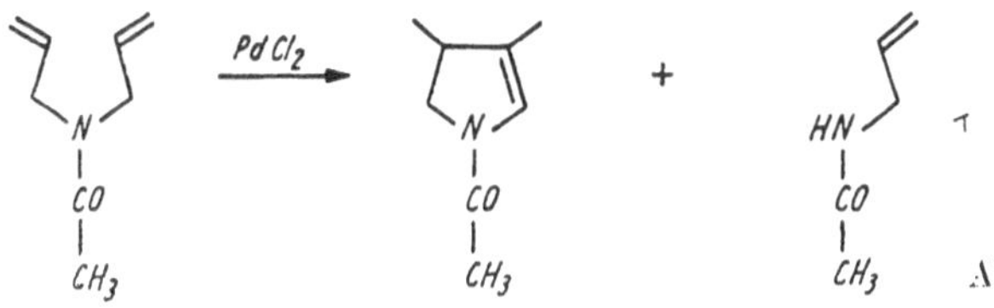

Abb. 7

Das Kernresonanzspektrum des Heterocyclus enthielt Signale für eine Acetylgruppe, eine Methylgruppe am gesättigten C-Atom und eine Methylgruppe an einem ungesättigten C-Atom. Das Auftreten von zwei neuen Methylgruppen zeigt, daß sich die beiden Allylgruppen mit ihren mittleren Positionen aneinander gelegt haben und beweist die angegebene Fünfring-Struktur.

Ich möchte noch auf eine Beobachtung hinweisen, die die Leistungsfähigkeit der Instrumentalanalytik deutlich macht.

Das hochauflösende Kernresonanzgerät zeigt, daß alle Signale doppelt auftreten, unsere Verbindung also offensichtlich ein Gemisch von zwei sehr ähnlichen Substanzen ist. Hierbei dürfte es sich um eine Isomerie handeln (Abb. 8), die durch behinderte Drehung der Acetylgruppe bedingt ist. Das Kernresonanzspektrum gestattet nicht nur eine quantitative Bestimmung des Isomerenverhältnisses, in diesem Falle 60 : 40, sondern auch die sichere Aussage, bei welchem Isomeren die Acetylgruppe nach links und in welchem sie nach rechts gedreht ist. Wir arbeiteten wieder mit einem sogenannten Shift-Reagenz, einer Europiumverbindung, die sich komplex an den Sauerstoff bindet und die räumlich nahen H-Atome in ihrer Signallage verschiebt. Es zeigte sich, daß bei den zu 60% vorliegenden Isomeren die Signale der Methylengruppe besonders stark verschoben werden, bei dem anderen Isomeren das Signal des olefinischen Protons, was die hier vorgenommene Zuordnung beweist.

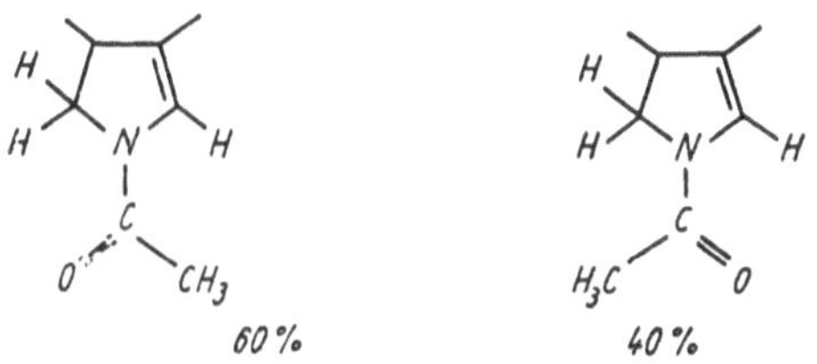

Abb. 8

Es bleibt als vierter Versuch die Umsetzung der Diallyl-carbonamide mit Rhodiumchlorid. Abb. 9 zeigt das Ergebnis:

Es bilden sich zwei zum Ausgangsmaterial isomere Ringschlußprodukte. Das rechtsstehende Isomere kennen wir aus dem vorhergehenden Versuch; hier tritt es nur in ganz untergeordneter Menge auf, etwa 5%. Hauptprodukt ist ein Fünfring mit einer anderen Lage der Doppelbindung. Die Struktur wird

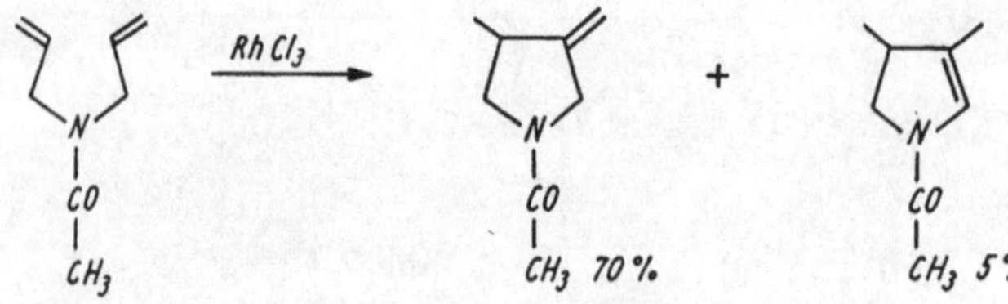

Abb. 9

dadurch sichergestellt, daß im Kernresonanzspektrum eine neue Methylgruppe auftritt, die, ebenso wie zwei olefinische H-Atome, bei Europiumzusatz ihre Signallage kaum verändert. Diese beiden Gruppen sind also offensichtlich so weit wie möglich vom Acetylsauerstoff entfernt, wie es die hier angegebene Formel verlangt.

Bei den voranstehend beschriebenen Umsetzungen (Abb. 3, 6, 7) waren Nebenprodukte beobachtet worden, bei deren Bildung eine Allylgruppe des Ausgangsmaterials abgetrennt worden war. Offensichtlich kann man also, wenn auch zunächst nur in einer Nebenreaktion, durch Edelmetalle eine Allylgruppe vom Stickstoff abspalten. Es gelang uns, Reaktionsbedingungen zu finden, unter denen die Allylabspaltung zur Hauptreaktion wird. Erhitzt man ein einfaches N-Allyl-säureamid, beispielsweise N-Allyl-acetamid, mit 2 Molprozent Rhodiumchlorid in Butanol, so erhält man praktisch quantitativ Acetamid. Auch in anderen Fällen gelingt diese Allylabspaltung glatt. Wahrscheinlich wird zunächst die Doppelbindung verschoben und der ungesättigte Rest anschließend durch Butanol abgelöst. Jedenfalls isoliert man Butyl-cis-propenyläther als zweites Reaktionsprodukt (Abb. 10).

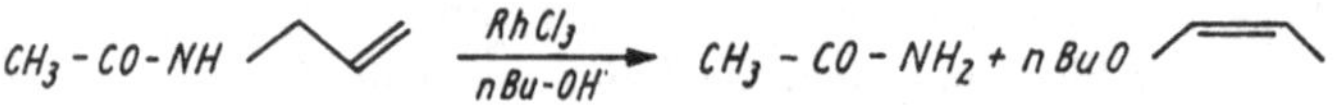

Abb. 10

Die außerordentlich glatte katalytische Allylabspaltung läßt an eine Verwendung des Allylrestes als Schutzgruppe denken.

Bei weiteren Versuchen zeigte sich überraschenderweise, daß an doppelt ungesättigten Säureamiden auch unkatalysierte Ringschlüsse ablaufen können. Wir hatten Verbindungen wie das in Abb. 11 dargestellte Cyclohexenyl-acrylallylamid synthetisiert. Noch ehe diese Verbindung für katalytische Versuche eingesetzt wurde, machten wir ein paar Versuche zum thermischen Verhalten. Dabei beobachteten wir, daß sich die Verbindung bei ungefähr 200° in ein

Abb. 11

Isomeres umwandelt, das völlig einheitlich war und keinem der nach unseren katalytischen Varianten zu erwartenden Strukturtyp entsprach. Einige mögliche Strukturen konnte man auf Grund spektroskopischer Daten hinschreiben, einige mögliche Strukturen leiteten sich aus entfernten mechanistischen Analogien her. Die beiden strukturellen Vorschlagslisten kreuzten sich in einer Struktur, einem Hexahydro-indolon.

Hier hat das äußerste C-Atom der Acrylsäure weit herübergegriffen und sich ein H-Atom geholt, mit dem sich eine Methylgruppe bildet, während sich gleichzeitig ein Fünfring schließt.

Diese Reaktion stellt einen überraschend einfachen Zugang zu hydrierten Indolonen dar. Wir sind daher dabei, diese Reaktion etwas auszubauen. Kleinere strukturelle Änderungen am Ausgangssystem änderten nichts an der Reaktionstendenz; die Reaktion verlief auch dann mit guter Ausbeute, wenn der N-Alkylrest variiert oder der Acrylsäurerest durch Methacrylsäure ersetzt wurde.

Dagegen gab es die nächste Überraschung, als wir in den ungesättigten Säurerest eine Phenylgruppe einführten, also mit einem Amid der Zimtsäure arbeiteten. Zunächst schien alles wie erwartet zu verlaufen. Etwas oberhalb 200° reagierte die Verbindung innerhalb von Sekunden durch und ging in eine isomere Verbindung über. Es hatte aber nicht die vorher beschriebene Reaktion stattgefunden, denn die neue Verbindung besaß mit Sicherheit keine olefinische Gruppierung mehr. Sie besaß auch laut Kernresonanzspektrum nicht mehr die fünf aromatischen H-Atome des Phenylringes. Das deutete auf einen zusätzlichen Ringschluß unter Beteiligung der Phenylgruppe (Abb. 12).

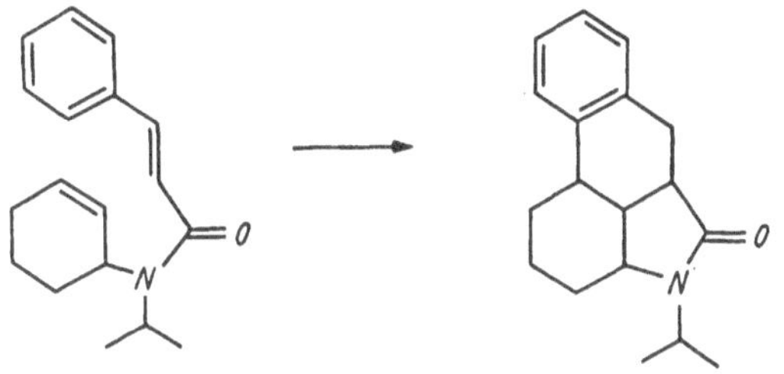

Abb. 12

Wir nehmen an, daß durch eine intramolekulare Diels-Alder-Reaktion zwei neue Ringe entstanden sind.

Hinter den hier im Detail aufgeführten Untersuchungen verbergen sich einige methodische Aspekte. Wie eingangs erwähnt, kam es uns darauf an, Heterocyclen abweichend von den üblichen Verfahren durch Knüpfung der Kohlenstoff—Kohlenstoffbindung herzustellen. Mit der Heranziehung der Homogenkatalyse durch Edelmetalle haben wir Neuland beschritten; einige Patentanmeldungen der letzten Zeit zeigen uns, daß auch andernorts in dieser Richtung gearbeitet wird. Aber auch die thermischen Cyclisierungen zeigen neue Wege der Heterocyclensynthese, denn es gibt für die dabei erhaltenen hydrierten Indolone bisher keinen synthetischen Zugang.

Der Verfasser dankt den Herren Dr. Rainer URBAN und Dr. Uwe HEUCK für die mit Fleiß und Begeisterung geleistete Arbeit an der dargelegten Thematik.

Kolibri 360 GmbH
Ferdinand-Jühlke-Straße 7
99095 Erfurt, Deutschland
produktsicherheit@kolibri360.de